探秘侏罗纪

张玉光／著　央美阳光／绘

青岛出版集团 | 青岛出版社

图书在版编目（CIP）数据

恐龙化石会说话. 3, 探秘侏罗纪 / 张玉光著. — 青岛：青岛出版社，2023.2
ISBN 978-7-5736-0607-5

Ⅰ.①恐… Ⅱ.①张… Ⅲ.①恐龙－青少年读物 Ⅳ.①Q915.864-49

中国版本图书馆CIP数据核字（2022）第227040号

KONGLONG HUASHI HUI SHUOHUA · TANMI ZHULUOJI

书　　名　恐龙化石会说话 · 探秘侏罗纪
著　　者　张玉光
出版发行　青岛出版社（青岛市崂山区海尔路182号）
本社网址　http://www.qdpub.com
策　　划　张化新
责任编辑　谢欣冉
责任校对　朱凤霞
装帧设计　央美阳光
印　　刷　青岛新华印刷有限公司
出版日期　2023年2月第1版　2023年2月第1次印刷
开　　本　16开（787mm × 1092mm）
印　　张　32
字　　数　600千
书　　号　ISBN 978-7-5736-0607-5
定　　价　136.00元（全4本）
编校印装质量、盗版监督服务电话　4006532017

推荐序

博物馆是人类了解历史、开启未来世界的文化殿堂；自然博物馆更是呈现大自然缤纷样貌、激发人们探索兴趣的课堂。因此，每逢节假日，自然博物馆门口总是人流如潮，一张张稚嫩的脸庞上荡漾着难掩的兴奋与激动。他们对人类生存的世界充满无穷的好奇心和无尽的想象力，纷纷前来博物馆寻找星际空间的流星雨，认识中生代的长脖子大恐龙、首次飞天的始祖鸟，感受非洲大草原角马大迁徙、狮豹大战的宏大场面，欣赏热带雨林“植物绞杀”的生存奇观……这里不仅能为他们解惑释疑、破解谜团，更重要的是能激发他们去探索自然界深藏的奥秘，由此个个成为“自然小卫士”“恐龙小达人”“小小达尔文”。每逢想到此情此景，我会由衷地为他们感到高兴，欣喜自己还能为他们的成长做些微不足道的益事。科学普及要从娃娃抓起，这已成为我长期坚守的信念。当出版社的老友力邀我为同事张玉光研究员新完成的科普力作作序，我欣然应约。

拿到这套《恐龙化石会说话》一辑四本书稿，我极力调整自己的情绪，希望用孩童般求知的心态去打开故事书的每一页，没想到读罢每一节故事之后，其中的真人、真事和真情深深吸引了我，留给我的是接着读下去的期待。因此，我认为它不只是一套儿童科普读物，也是启迪孩子们努力探索未知的自然世界的“指路明灯”。

和张玉光在一起工作十几年，我自认为能比较全面地了解他的做事风格和为人。书中的背景故事都是他长年累月工作的缩影，他并没有把单调的工作当成一种负担，反而苦中作乐，变换了一个新的视角，把自己的亲身体验和感受通俗、乐观地呈现给读者，让读者透过文字感受到认识、探索自然所带来的那份美好的力量。这份真实、真情是十分难能可贵的，恐怕也是小读者要去寻找和体会的。

作为一位以科研、科普为主要内容的工作者，读罢该书我尚有此番感受，想必孩子们用细腻的情感和纯洁的心灵去解读，也定会有超乎寻常的体味与收获。

谨以此序作为阅读这套书的铺垫，我深信这套书会让你们增长知识和智慧。

北京自然博物馆馆长 

前言

如果把漫长的地球历史看作一天，那么恐龙生存了大约50分钟，而人类的出场时间只有约短短 5 秒。显然，在地球的“记忆”里，恐龙留下了浓墨重彩的一笔。

在 2.3亿年前的三叠纪，恐龙登上了“演化舞台”，不断发展壮大，成为中生代演化得最成功的生命。不料，突如其来的一场大灭绝摧毁了恐龙，让它们失去了一切，甚至没人知道它们辉煌的过往。直到 19 世纪，人们才发现，原来我们居住的星球上存在过如此神奇的动物。

人们是如何了解这些不可能重现的史前动物的呢？通过恐龙化石。恐龙化石是证明它们确实存在过的直接证据，向我们讲述了这些神奇生命的外貌、生活习性、演化过程……

作为一名古生物科研人员，我与恐龙化石已经有 20 多年的“交情”。我和这位“老朋友”之间有许多浪漫、神奇甚至惊险的故事。

应出版社邀约，带着些许寄托与期待，我将这些故事——准确地说是我的亲身经历编织起来，以《恐龙化石会说话》一辑四本书的形式呈现在各位读者的眼前。在这套书里，我将带领你们走进已经消失的恐龙世界，为你们讲述那些发生在恐龙身上的真实故事。当然，除了我，这套书里还有很多主角——一群可爱的孩子。他们和各位读者一样，对恐龙充满了好奇，想了解很多有关恐龙的知识。他们充满童趣的语言和天马行空的想法令我时而捧腹大笑，时而陷入沉思。当读完本套书，你们也许会和我有相似的感受。

希望读者朋友们喜欢这套书，并能从中学到一些知识。这会增加我继续为大家写作下去的动力和勇气。

北京自然博物馆副馆长、研究员 张玉光

目录

主要人物介绍

张玉光教授

一位研究古生物的科学家，喜欢向孩子们传授古生物知识。他知识渊博、童心未泯，能把枯燥的知识讲得生动有趣。

郭铲儿

一个活泼外向、聪慧好学的女孩儿。她是妥妥的“恐龙迷”，还是霸王龙的铁杆粉丝。

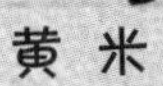

黄米

性格腼腆的学霸。他脑瓜儿里装着很多古生物的相关知识，常常让伙伴们惊叹不已。

罗胖

一个五年级的小男孩。他爱好广泛，尤其痴迷于美食、摄影和古生物，是一个幽默的小胖子。

焦圈儿

罗胖的同桌，一个高高帅帅的滑板少年。他爱探索，爱搞笑，更爱和罗胖斗嘴……时常会冒出一些奇怪的想法。

七彩云南的相遇

“滴滴！”邮箱的提示音响了。我打开电子邮箱，看到一封来自古生物实验室禄丰工作站的求助信。原来是当地村民在修路时发现了几块奇石。经当地古生物专家初步鉴定，这几块奇石应该是恐龙化石。但是，对于它们到底是哪种恐龙的化石，当地专家无法进一步确定。因此，工作站想让我过去帮忙鉴定一下。

就在我想着如何给他们回复邮件的时候，焦圈儿和罗胖来了。

高高帅帅的北京少年是焦圈儿，站在他旁边的是他的好伙伴罗胖。我和这两个孩子因一次夏令营结缘，现在成了好朋友。

我给他们看了邮箱里的奇石照片和求助信，俩孩子兴奋不已。

（编者注：配图及其对话均为对故事情节的演绎和再创作，全书同。）

“张老师，您别犹豫了，咱们一起去云南吧！”焦圈儿急切地说道。

“上次我爸爸带我去云南还是两年前呢，丽江市的玉龙雪山真是太美了。”罗胖说。之后，他还唱起了歌：“雪花飘飘，北风萧萧……”

“行啦，生怕别人不知道你去过云南是吧！”焦圈儿捂着耳朵说。

“云南不止有美景，还有许多恐龙哟，比如云南龙……”

“按照您说的，云南有云南龙，那北京是不是有北京龙，天津会不会有天津龙？”没等我说完，罗胖就开始奇思妙想了。

“罗胖，你快别说了。我想知道云南有哪些恐龙。我想跟张老师一起去云南探索奇石，你想不想去？”焦圈儿打断了罗胖的提问。

“想！”罗胖脱口而出。

“既然你们有这么大的兴趣，那我很愿意当你们的导游。不过，你们要和爸爸、妈妈商量好。”我说。

云南省位于中国的西南部。这里不但有闻名于世的香格里拉、四季如春的昆明、湛蓝如洗的洱海，还出土了很多恐龙化石。我们这次的目的地是云南省楚雄彝族自治州禄丰市。很久很久以前，这里生活着数量巨多的恐龙。它们在此处嬉戏、玩耍、繁殖后代，持续时间差不多是整个侏罗纪。禄丰境内分布着侏罗纪时期的恐龙及伴生动物群化石。据统计，从发现许氏禄丰龙化石至今，这里已出土尹氏芦沟龙、中国双嵴龙、巨型禄丰龙、黄氏云南龙、巨硕云南龙、新洼金山龙、禄丰滇中龙等恐龙的化石，吸引了众多海内外“猎龙人”前来探秘，禄丰也因此成了恐龙专家眼中的宝地。

云南禄丰是中国著名的“恐龙之乡”，这里出土的恐龙化石主要有____等。

就这样，我带着罗胖和焦圈儿从北京西站出发，坐了约10个小时的高铁，终于到达云南省会昆明。古生物实验室禄丰工作站的黄研究员在昆明高铁站等着我们。我们一出站，就被他送到了目的地，也就是黄研究员的工作单位。

我们一起来到恐龙化石修复室，看到这里堆满了各种大小不一、形状各异的化石。黄研究员带我们来到那堆奇石旁。这些奇石样子很奇怪，形状不规则，有长有短，有些上面还保存了动物的关节形态，有点像我们常见的猪或羊的一块块脚趾骨，而且有些断裂的骨头上有空洞，跟我们往常看到的恐龙化石有些不一样。

我仔细观察着这些奇石，然后说道："这上面显示的很可能是和禄丰龙生活在同一时期的恐龙，也许是金山龙。之前，人们在新洼村发现过新洼金山龙化石，它的脖子比较长，有10节颈椎，长度差不多占身长的三分之一，背椎有14节。它的骨盆是典型的原蜥脚类骨盆，肠骨位置较低，耻骨、坐骨粗壮。新洼金山龙的前肢较短，差不多是后肢长度的五分之三。要知道，金山龙化石的数量比较少。这些奇石如果是金山龙化石，那么应该具有很高的科研价值。"

听了这番话，黄研究员的脸上露出兴奋的表情。

焦圈儿瞪大了双眼："张老师，如果是新的恐龙种类，可不可以考虑用我的名字给它取名？我看'焦圈儿龙'这个名字就不错。"

罗胖不乐意了："我也在现场呢！怎么不叫它'罗胖龙'啊？"

我赶紧打断他俩的对话："古生物的命名可不是那么随意的，有严格的规定。如果这个恐龙真是个新种类，那我们可能要结合已经发现的化石进行分类学研究。

"之后，我们再考虑如何给它命名。人们一般将发现地点作为属名，因为这样的名字能透露出产地信息。至于种名，通常也可以是地名，还可以是人名。用人名给恐龙命名那可就有讲究了，比如某具化石是由某人在野外锄地时发现的，而这具化石具有重要的意义，发现化石的人立了大功，我们就可以用这个人的名字作为种名，体现研究者对发现者的尊重，同时鼓励人们今后如果发现化石，要第一时间上报相关部门，做好相应的保护工作。

“就拿新洼金山龙来说，其发现地点为禄丰市金山镇新洼村，所以研究者用金山和新洼分别作为它的属名和种名。”

看着孩子们好奇的眼神，黄研究员开心地说：“明天我陪你们去恐龙谷吧！那里不仅有新洼金山龙，还有大名鼎鼎的禄丰龙哟。”

“太棒啦！”孩子们雀跃欢呼着。

第二天，黄研究员带领我们向恐龙谷出发。一路上，黄研究员给孩子们介绍禄丰的市情市貌：“我们禄丰是云南省的地理中心，自然地貌四周高、中间低，既有优美的自然风光及众多的人文景观，又有独特的古生物化石遗迹。这里有迄今最丰富、最完整的约1.8亿年前的恐龙化石群及800多万年前的腊玛古猿化石，被誉为‘恐龙之乡’‘化石之仓’。”

不一会儿，我们就到恐龙谷的停车场了。走进恐龙广场，首先映入眼帘的是“世界恐龍谷”这几个金色大字和4根气势恢宏的擎天龙柱。

“张老师，那只恐龙爪托着的球状物是什么？”焦圈儿指着恐龙谷门口的球形物体问道。

还没等我回答，罗胖先开了口：“当然是龙珠了！”

焦圈儿仔细观察了一下："龙珠？是不是集齐7颗还能召唤神龙啊？罗胖同学，看仔细了，那应该是个地球仪。"

黄研究员说："焦同学说得对。这只恐龙爪托起的是侏罗纪时期的地球模型。后面的4根大柱子高达28米，以汉白玉为基座，古铜色的柱身上共雕刻着240条发现于世界各地的恐龙。"

进入恐龙谷，我们看见了各种各样的恐龙模型。它们形态各异，或是在找食儿，或是在饮水，或是在嬉闹，或是在眺望。这些模型做得栩栩如生、惟妙惟肖。

摄影爱好者罗胖拿着相机不停地拍摄，恨不得把恐龙谷的每一个角落都收进镜头里。

当我们走在跨湖而筑的侏罗纪栈道上时，焦圈儿感慨着："世事无常啊！这些恐龙一定想不到，亿万年后，我会在这里与它们见面。"

罗胖突然快速地转着手中的相机镜头，激动地喊道："焦圈儿，你快看，那边的两个人是不是黄米和郭铲儿？"

原来有两个熟悉的身影出现在了他的镜头里。

“郭铲儿，黄米，你们也来恐龙谷了！这也太巧了吧！真是有缘千里来相会啊！”焦圈儿激动地说道。

“罗胖，焦圈儿，张老师，真没想到我和郭铲儿会在这里遇到你们！”黄米推了推眼镜。

“张老师，好久不见呀！”郭铲儿开心地跟我打着招呼。

“你俩怎么也来云南了？”我问。

“张老师，我和黄米报名参加了昆明市举办的古生物泥塑大赛，顺便来恐龙谷转转。”郭铲儿抢着回答道。

“泥塑大赛？听起来不错呢。我能帮忙吗？”罗胖似乎对什么都特别感兴趣。

“当然了，罗胖，欢迎你加入我们的团队！”黄米拍了拍罗胖的肩膀。

“黄米，你应该说欢迎你们加入我们的团队，还有我呢！”焦圈儿赶紧说。

我们边聊边进入大遗址馆。黄研究员带大家来到了恐龙装架展厅。孩子们突然兴奋起来，原来大厅在平台上以不同的主题展出了多具恐龙骨架化石，让游客可以从仰视、平视、俯视3个角度与亿万年前的恐龙来一次近距离接触。

黄研究员为我们讲解道："你们看，这里的恐龙骨架化石排成队列进行展示，是不是很像队列整齐的兵马俑？这些恐龙骨架化石也被称为'恐龙兵马俑'，于是就有了'北有兵马俑，南有恐龙谷'的说法。"

"'恐龙兵马俑'这个叫法真的很形象啊。"郭铲儿说。

黄米发表了自己的看法："虽然兵马俑和恐龙化石一样，在地下待了很久才重见天日，但是兵马俑是人造的，而恐龙化石是大自然的产物，并

且恐龙的生命历史要比兵马俑的生命历史长得多了。”

“言之有理！这里展出的恐龙化石标本以禄丰龙和川街龙为主，此外还有双嵴龙、金山龙等，其中70%是真实的恐龙化石，只有少数残缺部分由其他材料修补而成。如此大规模又完整的恐龙化石展览，唯有在中国、在云南、在我们禄丰才能看到。”黄研究员骄傲地说。

中国恐龙“一哥”

在黄研究员的带领下，我们来到许氏禄丰龙的骨架化石跟前，仔细感受这位中国恐龙“一哥”的风采。

“今天的主角——许氏禄丰龙可是大有来头！虽然许氏禄丰龙化石并不是我国发现的第一具恐龙化石，但它是中国人发掘、修复、研究、装架展出的第一具恐龙化石，创造了中国古生物研究的一个成功范例，也奠定了中国古生物学研究在国际上的地位。因此，许氏禄丰龙被誉为‘中国第一龙’。”黄研究员说。

“罗摄影师，麻烦你给我和恐龙‘一哥’合个影吧。”焦圈儿一边说一边站在许氏禄丰龙化石面前，还摆了个很酷的姿势。

“没问题，一定把你拍得帅一点。需不需要我后期帮你修个图，加上美颜特效呀？”罗胖调侃道。

“大可不必！真实的我已经很帅了。”焦圈儿自信地说。

许氏禄丰龙生活在约两亿年前的侏罗纪早期，是中国已知的最古老的恐龙之一。许氏禄丰龙的头骨长约25厘米，体长接近6米，站立起来时其身高超过两米。许氏禄丰龙的脑袋小而长，一对眼睛长在脑袋两侧，可以让它拥有更加开阔的视野。

“原来这就是许氏禄丰龙呀！虽然它被称为‘中国第一龙’，但我觉得它看上去并没有什么特别的呀，没有霸王龙那么令人震撼！”霸王龙的铁杆粉丝郭铲儿有些不服气地说。

“不能只看外表！许氏禄丰龙之所以能成为镇馆之宝是因为它背后的意义。”黄米说道。

“长得没那么霸气也不影响它成为中国恐龙‘一哥’。”焦圈儿附和着黄米。

“为什么不能是‘一姐’呢？光看骨架化石你就知道它的性别吗？”郭铲儿问。

黄米指着一张图片说：“你称它为‘一姐’也是可以的，它肯定没意见。禄丰龙发现于战火纷飞的年代。电影《无问西东》里有这样一幕：在日军飞机的轰炸下，西南联大的师生们躲进山洞里上古生物课。

“电影中老教授的原型正是中国恐龙化石研究的奠基人杨钟健，而课堂上的恐龙模型就是以许氏禄丰龙为原型制作的。就是在那样艰难的时代，中国科学家开启了对恐龙这种史前生物的探索。”

“我看过这部电影。我还记得里面的教授带着大学生们保护一堆骨头呢。”郭铲儿说。

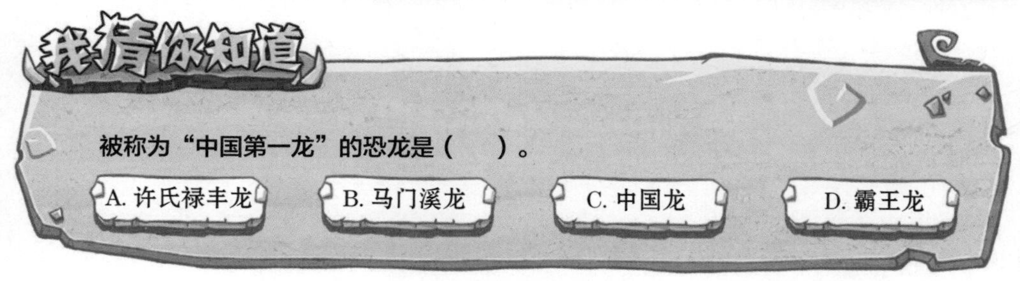

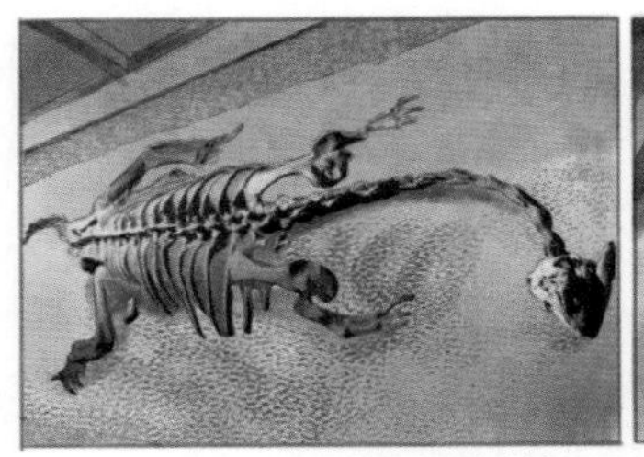

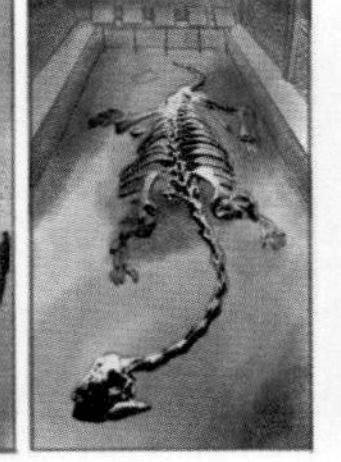

许氏禄丰龙复原骨架

参展的许氏禄丰龙骨架化石

1938年，杨钟健教授南下到昆明，开展地质调查等科研工作。

同年，古生物学家卞美年在云南禄丰的村民家中看到了“龙骨油灯”。他惊喜地发现油灯的底座是用脊椎骨化石制成的。

龙骨油灯

许氏禄丰龙复原图

1940年，许氏禄丰龙化石又跟随杨教授到了重庆北碚。

1941年，许氏禄丰龙化石在重庆北碚首次展出，很多人前往参观。

许氏禄丰龙的属名取自化石的发现地——禄丰市，种名“许氏”取自德国古生物学家许耐的名字。

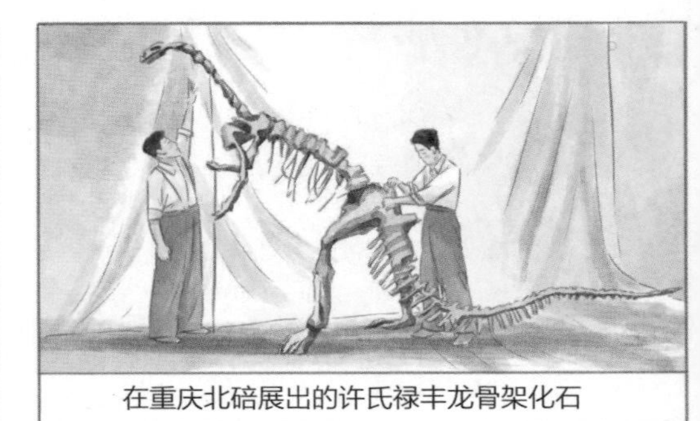

在重庆北碚展出的许氏禄丰龙骨架化石

1958 年，我国发行了一套《中国古生物》特种邮票，里面包含 3 枚邮票，上面分别印有蒿里山三叶虫（古生代）、禄丰恐龙（中生代）和肿骨鹿（新生代），其中禄丰恐龙（中生代）邮票是世界上第一枚恐龙邮票。

“1994 年，中国科学院古脊椎动物与古人类研究所建立中国古动物馆，许氏禄丰龙是人们进入展馆看到的第一件展品。可以说，它是中国古动物馆里最耀眼的明星。”黄米讲述着有关许氏禄丰龙的辉煌过往。

“许氏禄丰龙居然有这么多‘第一’的头衔，‘中国第一龙’果然名不虚传！”说着，罗胖就用放大镜对准许氏禄丰龙的化石骨架，非常仔细地观察起来。

罗胖注意到许氏禄丰龙粗壮的后肢：“其实，许氏禄丰龙看上去也挺神气的。我猜它一定是肉食性恐龙！”

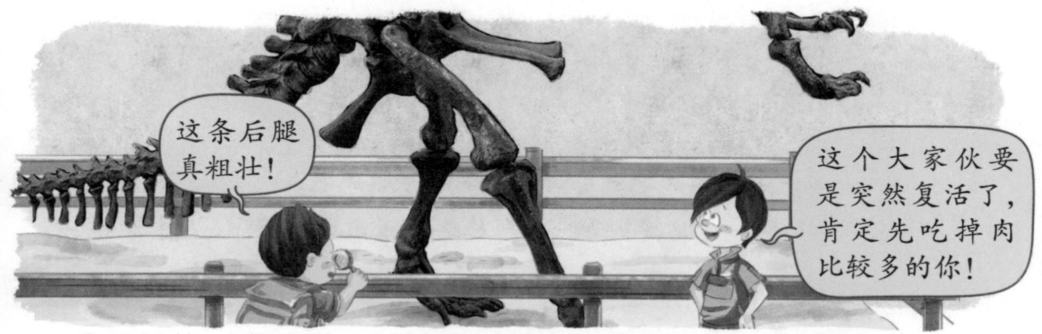

我反问他：“你为什么认为许氏禄丰龙是肉食性恐龙呢？”

“我是这样想的，许氏禄丰龙长得有点像霸王龙。它们都长着短短的前

肢和粗壮有力的后肢。霸王龙是肉食性恐龙，那么许氏禄丰龙应该也很喜欢吃肉！”说着，他竟然模仿起霸王龙走路的样子，而且模仿得有模有样，连神态都与霸王龙相似。看到他这个样子，大家不禁哈哈大笑起来。

尽管罗胖的模仿秀很精彩，但是我还是要纠正他的错误：“罗胖同学，你猜错了哟。许氏禄丰龙不是肉食性恐龙，而是素食主义者——植食性恐龙。

“长着和霸王龙一样的小短手可不是判断肉食性恐龙的依据。肉食性恐龙和植食性恐龙的明显区别是：前者的头比较大，后者的头相对较小。还有，你们可以观察植食性恐龙的嘴，有点像牛和马的嘴。”

焦圈儿挠了挠头：“牛和马的嘴一点都不小，我见过它们吃草的样子。”

我笑着说：“牛和马的嘴只是看上去很大，其实张开得很小，所以牛和马不能大口大口地吃东西。它们的牙齿看起来有点像带锯齿的小树叶。这

样的牙齿便于切断和磨碎植物。肉食性恐龙的牙齿则一般呈匕首状，边缘也很锋利，能够轻易地把猎物撕成碎片。”

罗胖动了动自己的嘴巴，自言自语：“要是我的嘴巴变得特别小，我就吃不下美味的鸡腿和鸡翅了。”

焦圈儿调侃道：“放心吧，罗胖同学。如果你的嘴巴变成了樱桃小嘴，那么我可以喂你吃鸡米花。”

罗胖冲着焦圈儿张开了嘴巴：“鸡米花也好吃，现在你可以喂我了！”

罗胖真是我们大家的开心果。

“张老师，大型蜥脚类恐龙应该用四足行走呀，可是禄丰龙为什么用两足行走呢？”黄米还是老样子，爱思考，爱提问。

我答道："禄丰龙属于原蜥脚类，是比较古老的蜥脚类恐龙。你看，禄丰龙的前肢要明显短于后肢。研究表明，禄丰龙很可能是大型蜥脚类恐龙的祖先类型。

"原蜥脚类生活在三叠纪末期到侏罗纪早期，处于恐龙辐射演化的早期阶段。它们在早侏罗世末期全部灭绝，并被蜥脚类取而代之。随着新材料的不断发现和分支系统学的逐步完善，原蜥脚类这一概念不再适用，现在多称之为'基干蜥脚型类'。基干蜥脚型类恐龙体形为中等至大型，多为植食性恐龙，一般用两足行走，也有少数用四足行走。我国目前已知的基干蜥脚型类恐龙主要发现于云南禄丰及其周边地区。

模式种	化石产地	馆藏地点（部分）
许氏禄丰龙	云南禄丰	中国古动物馆
巨型禄丰龙	云南禄丰	昆明理工大学地学博物馆
中国"兀龙"	云南禄丰	中国科学院古脊椎动物与古人类研究所标本馆
黄氏云南龙	云南禄丰	中国科学院古脊椎动物与古人类研究所标本馆
巨硕云南龙	云南禄丰	中国科学院古脊椎动物与古人类研究所标本馆
新洼金山龙	云南禄丰	昆明理工大学地学博物馆

"随着体形的增大和体重的增加，这些基干蜥脚型类恐龙的后代最终放弃了两足行走的运动方式，逐渐成为四足行走的大块头！"

"你们仔细看，许氏禄丰龙长得多秀气，小小的脑袋，尖尖的嘴，长长的后腿，大大的尾。这不就是郭铲儿做梦都想拥有的瓜子脸、尖下巴、天鹅颈，外加一双大长腿吗？"罗胖把话题引到了郭铲儿身上。

“这可不只是我的，而是所有女生的梦想啊。”郭铲儿用双手托住下巴。

“禄丰龙作为巨型植食性恐龙的老前辈，给自己的后辈留下了超高的颜值和优秀的身体构造，梁龙、雷龙、马门溪龙等都是它们的优秀后辈代表。”我说。

“禄丰龙行走时，它身后的长尾巴可以保持身体平衡；当它站立时，尾巴还可以用来支撑身体，就像随身携带的凳子。”焦圈儿开始了他的想象，“一

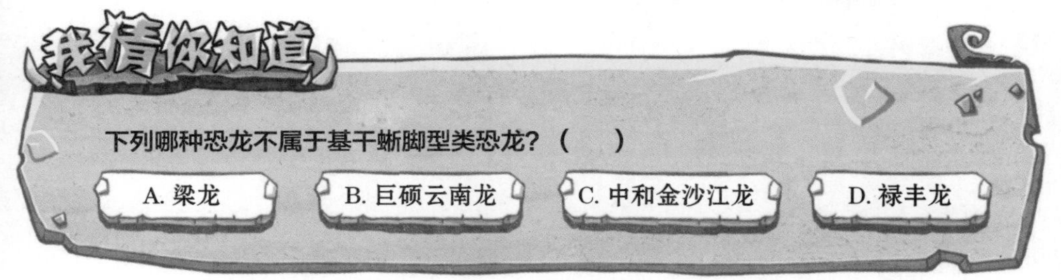

只犯困的禄丰龙把尾巴拖到地上，两条后腿与长长的尾巴形成了一个稳定的三角支架。这样它就可以闭上眼睛，安心地睡觉了。多舒服啊！”

“为什么不躺下来睡觉呢？躺着可比坐着舒服多了。”罗胖立刻说。

“躺着睡觉不安全啊！万一有危险，逃跑都来不及。”焦圈儿反驳道。

“禄丰龙是植食性恐龙，个头也不算很大，很容易被肉食性恐龙捕食，所以它们打盹儿的时候也要时刻保持警惕，提防肉食性恐龙的进攻，以便发现险情时，能够及时逃跑。”黄米说。

“你们看，这里有一只大个子的禄丰龙！它叫‘巨型禄丰龙’，应该就是放大版的禄丰龙吧。”郭铲儿看起来有些兴奋。

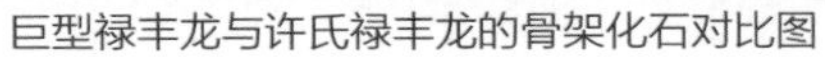
巨型禄丰龙与许氏禄丰龙的骨架化石对比图

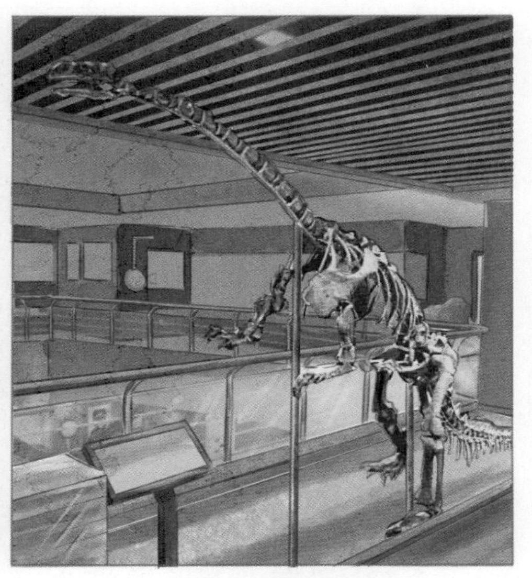
许氏禄丰龙模式标本骨架

我说道："你理解得对。禄丰龙包括许氏禄丰龙和巨型禄丰龙两种。虽然巨型禄丰龙与许氏禄丰龙长得有些相似，但巨型禄丰龙体形要更大一些。

"不过，即使是大个子的巨型禄丰龙，也要面对肉食性恐龙的威胁。比如：残暴的中国双嵴龙就是它们的天敌。中国双嵴龙体长约为6米，脑袋上长有一对头冠，嘴中长着锋利的牙齿。虽然禄丰龙面临着重重危险，但它们依然是当时的成功者，而制胜的法宝就是以量取胜。"

"中国双嵴龙攻击禄丰龙是有化石依据的：古生物学家在禄丰龙的肋骨化石上找到了被中国双嵴龙的牙齿咬穿的痕迹。"黄研究员补充道。

禄丰龙被中国双嵴龙咬过的痕迹

这个禄丰龙肋骨化石上的洞长约5厘米，宽约2厘米。科学家推测这只禄丰龙受到了肉食性恐龙的攻击，伤及肋骨，而攻击它的肉食性恐龙很可能是和禄丰龙生活在同一时期的中国双嵴龙。

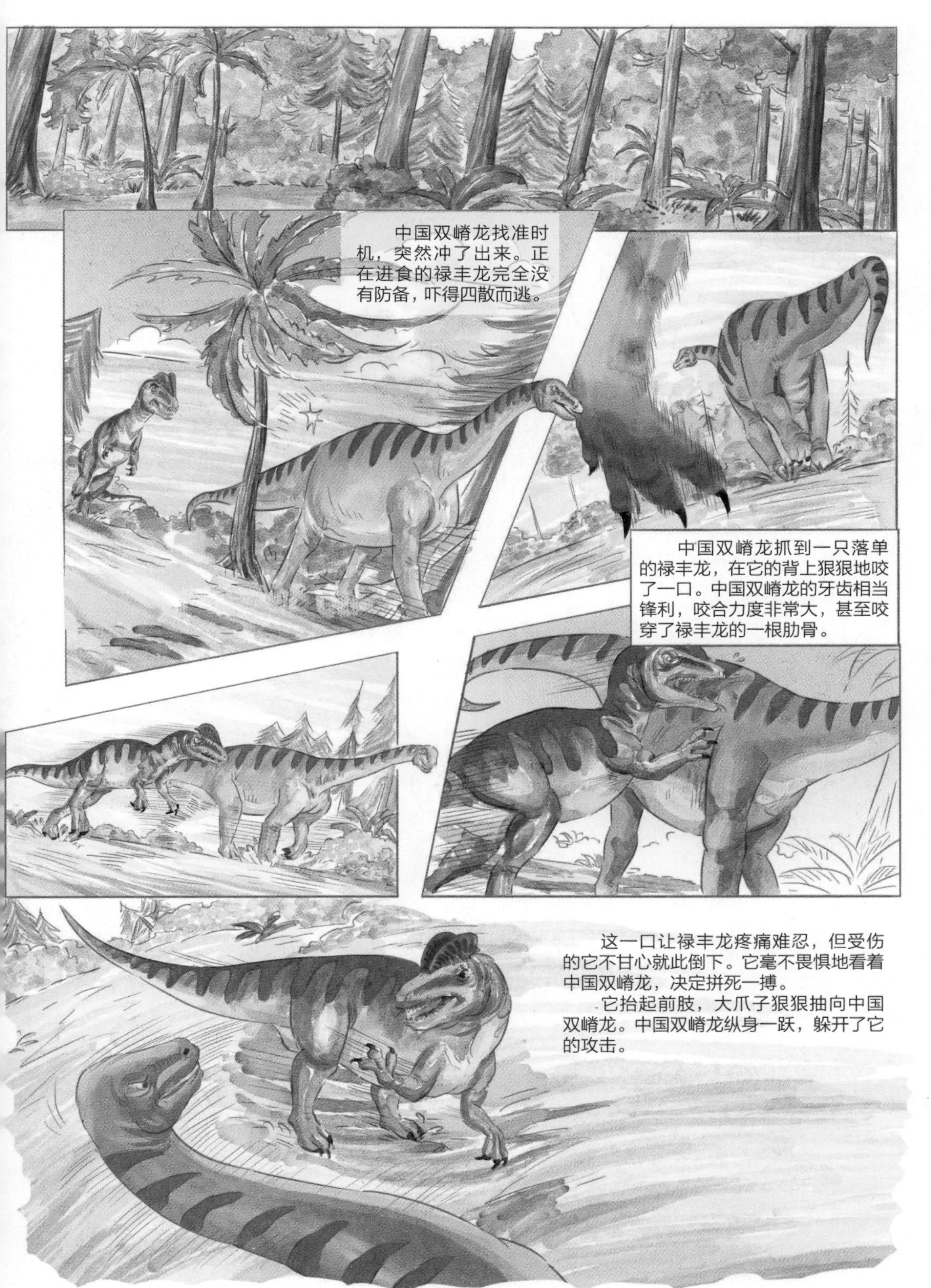
中国双嵴龙找准时机，突然冲了出来。正在进食的禄丰龙完全没有防备，吓得四散而逃。
中国双嵴龙抓到一只落单的禄丰龙，在它的背上狠狠地咬了一口。中国双嵴龙的牙齿相当锋利，咬合力度非常大，甚至咬穿了禄丰龙的一根肋骨。
这一口让禄丰龙疼痛难忍，但受伤的它不甘心就此倒下。它毫不畏惧地看着中国双嵴龙，决定拼死一搏。
它抬起前肢，大爪子狠狠抽向中国双嵴龙。中国双嵴龙纵身一跃，躲开了它的攻击。

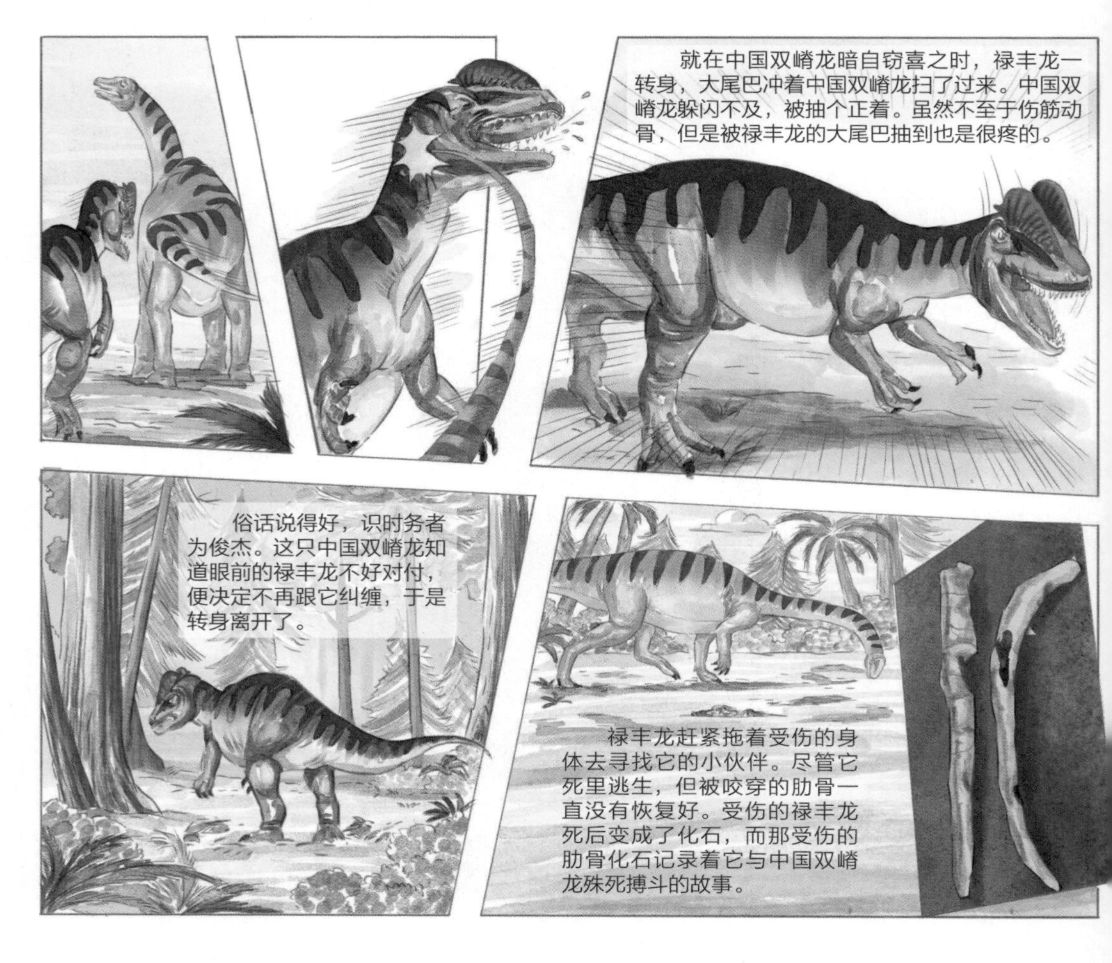

“让我们为这只勇敢的禄丰龙鼓掌吧。”罗胖边说边鼓起了掌。

焦圈儿配合着罗胖，也开始鼓掌。

“别鼓掌啦！这样会吵到其他人的。咱们还是在心里为它鼓掌吧！”郭铲儿小声地说。

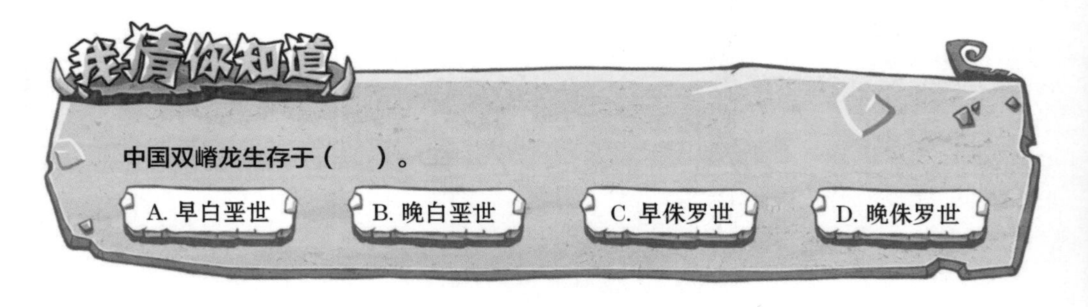

发掘化石有讲究

看完壮观的恐龙装架化石标本，黄研究员带着我们来到大遗址发掘现场。这是一个高15米、宽40米、长100米，呈25度角倾斜的1.6亿年前的地质剖面，是震惊世界的侏罗纪恐龙化石大遗址。刚才我们见到的那些装架恐龙虽然令人震撼，但都是“外来户”，这些镶嵌在剖面里的恐龙才是“原住民”。剖面裸露出很多恐龙化石，更神奇的是，剖面下方还埋藏着几百具未被发掘的恐龙化石，并且这几百具“深居”地下的恐龙包含很多种类，有的是植食性恐龙，有的是肉食性恐龙，有身长达十几米的大个子恐龙，也有身

长仅为一米左右的小不点恐龙。这些曾经的霸主近在咫尺，虽然躺在地里一动不动，但是看起来仿佛要破土而出，张牙舞爪地向人们诉说亿万年前的秘密。孩子们被这些原生恐龙化石吸引了，站在这里久久不肯离去。

我们行走在玻璃栈道上，透过玻璃看脚下的恐龙化石，仿佛置身于真实的侏罗纪乐园，零距离目睹亿万年前的恐龙生前最后一刻的画面。

“这里可是世界级的恐龙掩埋及发掘原址现场。”黄研究员自豪地说，“这个化石点是村民罗家友发现的。1995年夏天，禄丰川街乡老长箐村的村民罗家友正在自己的承包地上劳作，一锄头下去碰到硬邦邦的东西。他本

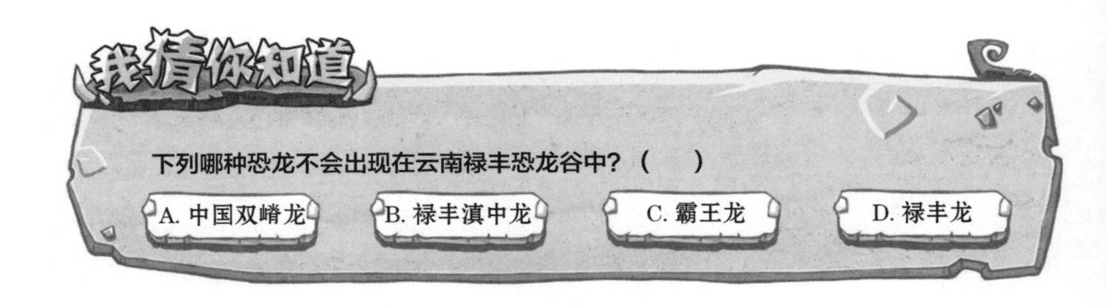

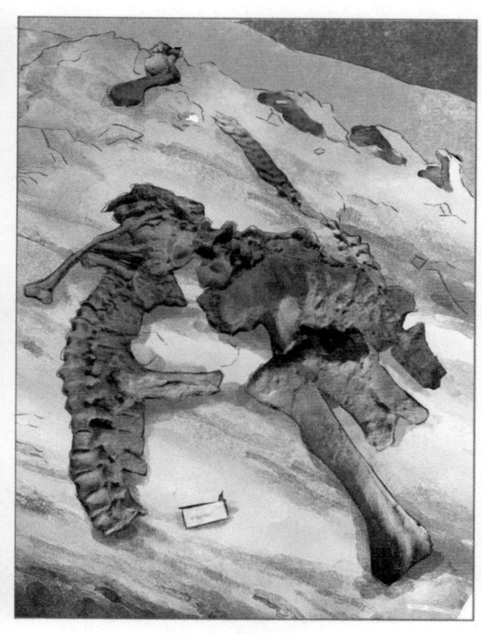
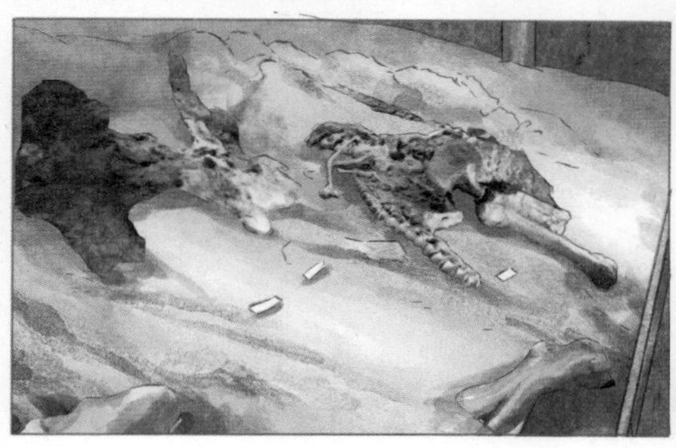

来以为撬到了石头，挖下去才发现那是恐龙化石。直到后来他才知道，自己竟然站在了恐龙化石群上面，而他挖到的石头开启了禄丰恐龙研究和资源开发的崭新时代。现在村民罗家友已经是一名技术娴熟的化石修复师了，每天都在和化石打交道。”

“这是一个多么让人羡慕的经历呀！真希望我也有这样的好运气。”郭铲儿感慨着。

“这是一份多么让人羡慕的工作呀！真希望我也有这样的好运气。”焦圈儿学着郭铲儿的语气说。

“据我所知，女性考古工作者可是很稀有的。我看好你呀，郭铲儿。”罗胖鼓励着郭铲儿。

“我的梦想是发现咱们中国的霸王龙化石！”郭铲儿说。

“郭铲儿，你发现国产霸王龙化石的概率不高啊！咱们现实点吧，你可以发现更多的禄丰龙化石。要是你更喜欢大型恐龙的话，这里有非常著名的川街龙。你瞧，就是这个大家伙。”黄米指着川街龙的化石说，“川街龙属于真蜥脚类，是亚洲最长的恐龙之一，生存于中侏罗世。我讲一个关于川街龙的故事吧。”

皮肤撕裂的疼痛让川街龙无心应战，它转身向河中跑去。

四川龙疾步扑上去，又一次将利齿插进川街龙的身体。

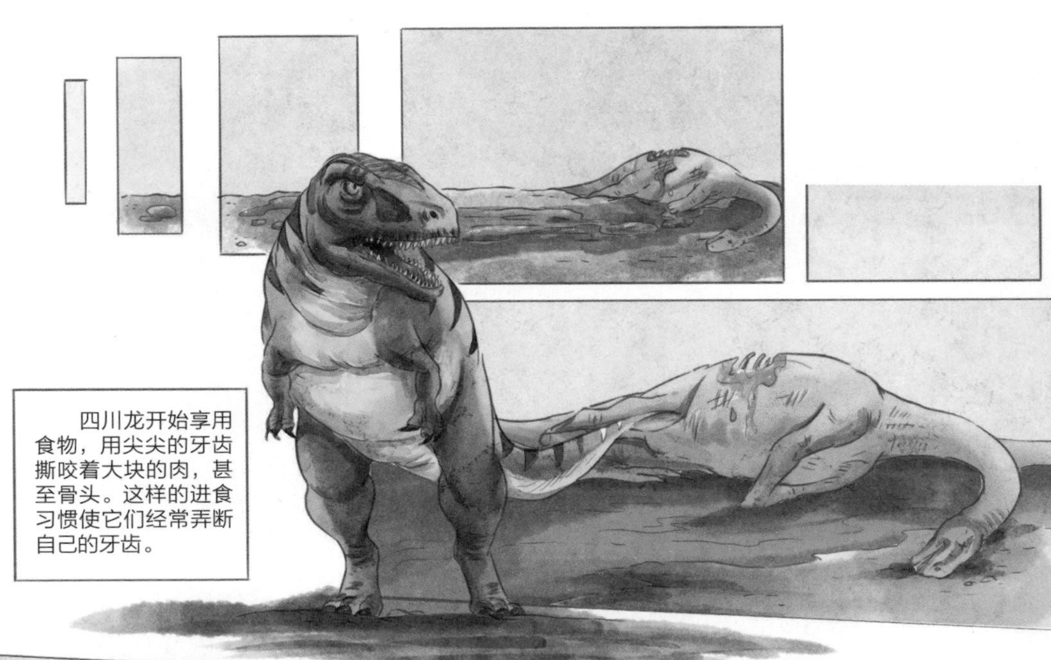

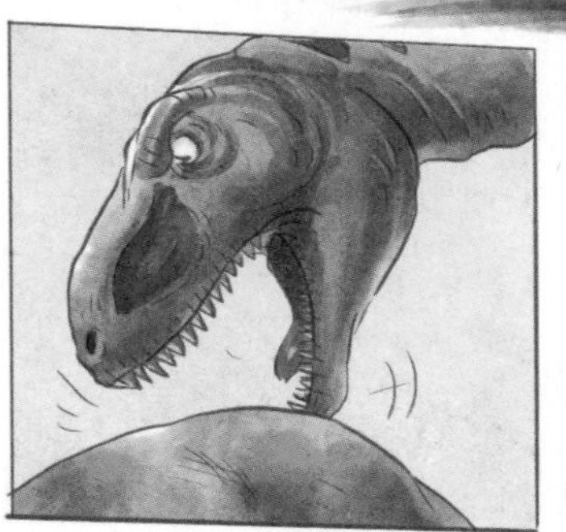

吃着吃着，四川龙突然觉得不对劲——川街龙在下沉，它的后肢也陷了下去。

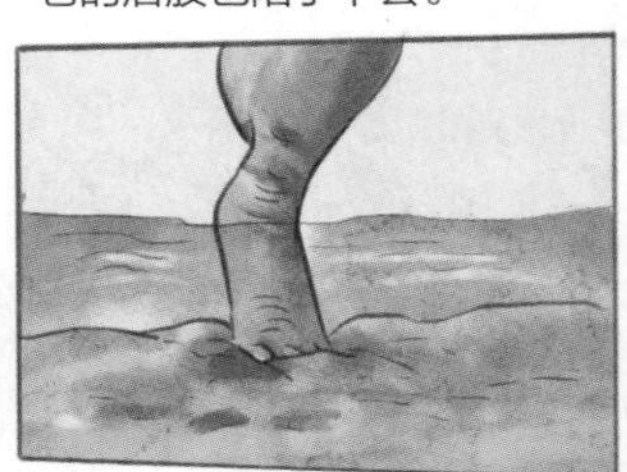

多少年过去了，经过漫长的地质变化，四川龙和川街龙成为两具化石，呈现在世人眼前。

我补充道："一般情况下，肉食性恐龙不会捕食像川街龙这样的大家伙，除非它们实在找不到其他食物了。在丛林之中，一只饥饿的肉食性恐龙在川街龙的周围蠢蠢欲动。虽然川街龙因为寻找新鲜的树叶而放松了警惕，但是碍于川街龙巨大的体形，肉食性恐龙并不敢向它发起进攻，只能不甘心地离去。

"沧海桑田，日月变迁，曾经令肉食性恐龙都望而生畏的川街龙如今变成了珍贵的化石，供人们欣赏、研究 。"

黄米问："这里有恐龙蛋化石吗？"

我摇摇头："说来也很奇怪，人们在禄丰发现了很多恐龙化石，却没有发现一枚恐龙蛋化石。目前我们还无法解释出现这种情况的确切原因。"

焦圈儿一脸坏笑："我知道原因——有个吃货把这里的恐龙蛋偷吃了。"说完，他看向了罗胖。

前面是化石修复场，一盏盏明亮的台灯下，布满灰尘的桌面上摆放着化石、调拌刀、雕刻笔、刷子、钉子、镐、放大镜等工具，几名化石修复工作人员正在聚精会神地摆弄着化石。

几个孩子冲了过去，在旁边盯着化石修复工作人员手中的活计，个个都跃跃欲试。一位工作人员看到罗胖急得直搓手，就把手里一块沾满泥土的化石递给他，并说道："小伙子，你可以试着把上面的泥土剔除干净。"

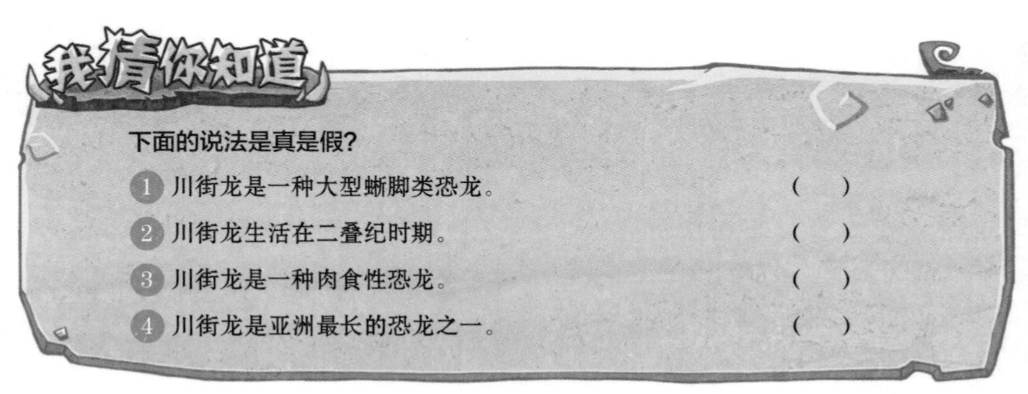

罗胖开心得好像拿到宝贝一样，赶紧找个椅子坐下来开始剔土。

“罗胖，你这小胖手能弄好吗？可别把珍贵的化石弄坏了。”焦圈儿调侃着罗胖。

“这会儿我没工夫理你。”罗胖头也不抬地说。

“一具恐龙化石从野外‘走’进博物馆，需要经过复杂的过程，包括挖掘、整理、打包、记录等。”黄研究员说。

“工作人员在挖掘现场就要花费很长时间。举个例子，一具长6米的禄丰龙化石，光挖掘就要20多天。化石表面的泥土需要清理，清理至化石露出一半后，科学家就要进行分类、编号、拍照等工作，一些风化严重的大型

骨骼化石或不易取出的小型骨骼化石还要打石膏包……”黄研究员补充道。

一位化石修复师对孩子们说：“恐龙的头、爪、尾椎等部位很难修复，要花费很长的时间，有时仅一小块化石就要修复好几天。”

“化石修复工序非常烦琐，修复过程相当漫长。对很多人来说，这个工作是枯燥乏味的，所以只有真正热爱的人才能坚持下来。”我说。

“罗胖，我总结了化石修复人员的优秀品质，包括耐心、细心、一丝不苟。这3点似乎跟你不沾边啊。”焦圈儿说完，也拿起一块小化石开始敲土。

“你别说风凉话了，我这个未来的古生物学家会慢慢改变的。”罗胖摆弄着手里的化石块。

“在禄丰这片土地之下还埋藏着很多与恐龙生活在同一时期的生物。解锁侏罗纪时代的生命密码，需要你们的加入，也需要一代代科学家和化石修复师的不懈努力啊。”我不由自主地发表了内心的感想。

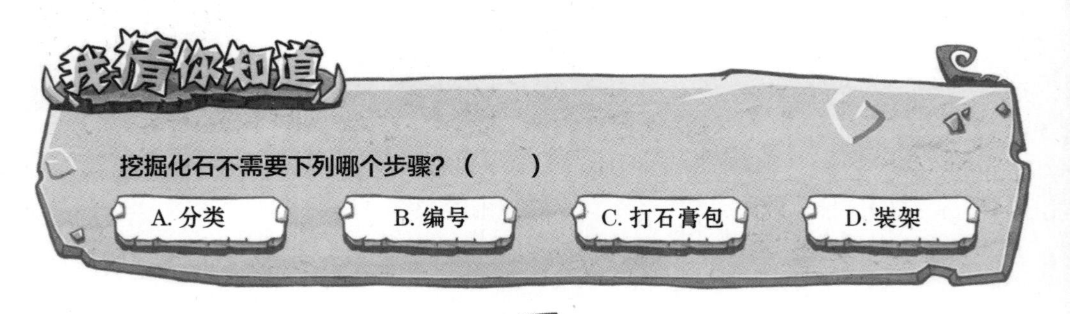

群雄争霸侏罗纪

黄米和郭铲儿为什么会来云南？对，参加泥塑大赛。于是，我提议大家一起去找原材料——黏土。出了恐龙谷，我们向郊外的山野走去。在山腰上我们遇到一个可以自制叫花鸡的“农家乐”。罗胖看着往来的游客，又闻到叫花鸡的香味，说什么也不肯走了。没办法，我们就买了一份制作叫花鸡的原材料。

叫花鸡名气很大，做法却很简单：将鸡洗净并腌制一段时间，然后将糯米、板栗、肉丁等食材放进鸡肚子里，接着用荷叶将鸡包好，再将黄泥均匀地抹在荷叶上，最后放在火上烘烤。

“你知道叫花鸡的来历吗？”郭铲儿一边往鸡肚子里塞肉丁一边问黄米。

黄米摇了摇头。

郭铲儿得意地说："我倒是知道一点儿。据说，叫花鸡是叫花子发明的。一个叫花子在草丛中捉到一只鸡，但他既无锅灶，又没有调料，无法烹饪这只肥美的鸡。饥肠辘辘的叫花子想到了一个好办法：取出鸡的内脏后，用几张荷叶将鸡包起来，之后在外面裹上泥巴，放进火中烤。时间差不多了，他就将烤好的鸡往地上一摔，泥巴掉在地上，香气四散开来。从此，叫花鸡就名声在外了。

"后来，厨师改进了这个做法，不仅增加了腌制鸡肉的步骤，还在鸡的肚子里添加各种配料。这样的做法使叫花鸡这道菜的味道更加鲜美了。"

"这个叫花子简直是美食家啊，居然想出用泥土和荷叶裹住鸡肉的好办法！"罗胖着急地说，"我迫不及待地想吃叫花鸡了，你们什么时候能做好呀？"

"泥土的用处可多着呢！你就知道吃。"焦圈儿时刻不忘说罗胖两句。

“焦圈儿，你可不要小瞧人！我知道大多数植物种植在土壤里，比如我爱吃的一些水果以及做馒头的原料小麦和做豆腐的原料大豆都是在土里种出来的！”罗胖气鼓鼓地说。

黄米补充道：“其实，对有些动物来说，有时候土壤是十分安全稳定的居住场所。它们在土壤里躲避高温、干燥、大风和天敌。比如：青蛙和刺猬钻到土壤里或洞穴中冬眠；有些蜥蜴会把卵产在土壤里，之后借助太阳光照射的温度孵卵。哺乳动物的祖先最早出现的时候，也会躲在土壤里生活呢！”

郭铲儿忍不住夸赞黄米：“黄米同学，你真是一个小百科全书呀！我以前只知道土壤对植物很重要，没有想到对动物也这么重要呢。”

我笑了笑：“土壤的重要性远不止于此。它还是生物化石的保存者哟。古生物死亡后，被流水和土壤掩埋。它们的内脏、肌肉等柔软的部分会腐烂殆尽，而骨骼、牙齿等坚硬的部位因为大部分成分为无机物质，所以能保存较长的时间。之后，土壤中的矿物质逐渐渗进牙齿和骨骼等部位中，填补这

些部位的有机质散失留下的孔隙。慢慢地，骨骼和牙齿重量不断增加，逐渐变成了保存原有外形与内部结构的石头，也就是我们所说的化石。化石形成的这一过程叫作‘石化过程’。”

我刚讲完，罗胖就吵着要吃叫花鸡。我拿出烤好的叫花鸡，用刀背敲打，表面被烤干的泥巴裂开了，一股香气随即扑面而来，剥开荷叶，令人垂涎欲滴的叫花鸡呈现在大家面前。

我们围坐在一起，一同品尝着“人间美味”，孩子们对我的厨艺赞不绝口。此时，我想起了一句话：宁食叫花鸡，不吃松江鱼。

吃完香喷喷的叫花鸡，我们带着铲子和桶去挖泥土。

罗胖捡起一块泥巴，一本正经地说：“我得仔细研究一下土壤，没准儿会有惊喜呢！”

焦圈儿笑着对罗胖说：“是惊喜还是惊吓啊？”

“什么惊吓？”

“你看看泥巴里面有什么。”

“啊！是蚯蚓！”罗胖吓得赶紧把手中的泥巴扔进了桶里。

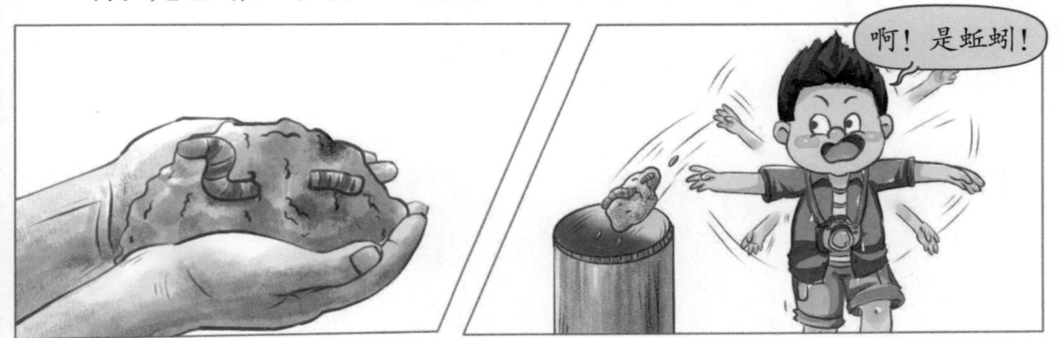

这下，罗胖说什么也不肯挖泥土了。他干脆一屁股坐在地上，看着我们挖泥土。大家挖了好几桶，然后回到了住处。孩子们用锤子将挖回来的泥土砸得粉碎，然后筛了3遍，接着往过筛后的细土中放入一些灰色纸屑，再加水搅拌，直至泥土变得有黏性为止。

泥塑对黏土的要求是不能太稀，得有一定的稠度，但是也不能太硬，否则不好塑形。试了几次后，黄米终于把黏土和得软硬适中了。

“你们想好主题了吗？”我问道。

黄米回答：“当然要做一组恐龙主题的泥塑。”

“我同意，不过到时候一定要有我的署名。”焦圈儿第一个举手赞成。

“但是，恐龙有这么多种，我们怎么选呢？”黄米问。

“这样吧，我给大家详细说一下侏罗纪的动物。至于怎么选择，你们自行决定吧。”

“张老师，您坐下来说吧！”贴心的郭铲儿给我搬了一把椅子。

我讲道：“侏罗纪的恐龙种类非常丰富，有大名鼎鼎的梁龙、马门溪龙、永川龙、腕龙、四川龙等。”

“侏罗纪盛产‘大怪兽’！”焦圈儿感慨道。

我接着说道：“是的。因为到了侏罗纪，气候逐渐变得温暖、湿润，所以裸子植物和蕨类植物生长得相当繁茂。这些高大的植物让植食性恐龙有了充足的食物，它们之中的一些成员也变得异常高大。此外，到了侏罗纪中期，那些基干蜥脚型类恐龙已经成为过客，不复存在了，而体形较大的蜥脚类恐龙成为当时的主角，与此同时，兽脚类恐龙的体形也在逐渐变大。不然，它们无法对大型蜥脚类恐龙造成威胁。”

郭铲儿转了转眼珠：“侏罗纪的恐龙都是大个子吗？小个子恐龙全部灭绝了吗？”

我回答："郭铲儿同学，你说得有点太绝对啦！到了侏罗纪晚期，恐龙演化出了上百种类型，其中就包括小型恐龙，比如和现代家鸡差不多大的美颌龙。千万不要小瞧恐龙中的这些小不点儿，它们能在巨龙成群的侏罗纪占有一席之地是很厉害的。就拿美颌龙来说，别看美颌龙个头不大，实际上却是非常凶悍的肉食性恐龙，经常拉帮结伙，组队围猎一些比较大的猎物。当然，侏罗纪时期不止有恐龙，还有很多其他生物，比如称霸天空的爬行动物翼龙以及海洋中的顶级猎食者蛇颈龙和鱼龙等。"

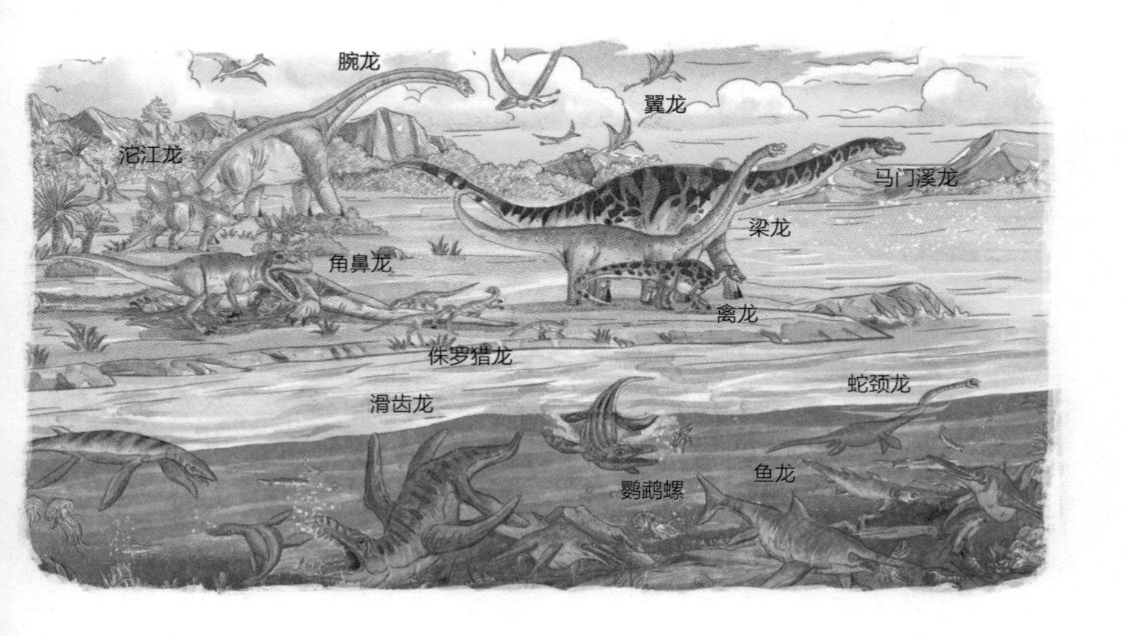

罗胖用双手托住脸颊，说道："张老师描绘的侏罗纪世界真是令人向往呀！海陆空都全了。我真想穿越到侏罗纪去看看啊！"

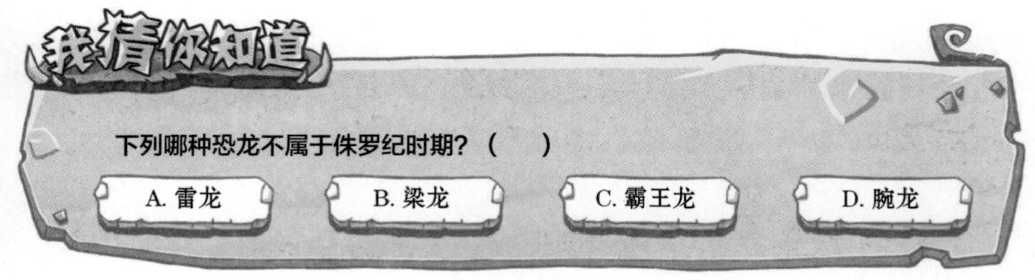

我笑了笑："如果我们生活在侏罗纪，陆地上的恐龙会对我们造成巨大的威胁，若是遇到大块头的食肉恐龙，逃命都来不及。再说说罗胖同学最关心的吃的问题。小型鸟脚类恐龙跑得飞快，人类凭借自己的腿脚肯定追不上它们。也许我们能抓到一些昆虫。不过，昆虫身上没什么肉，并不好吃。侏罗纪时期也有一些哺乳动物，个头不大，体形和老鼠差不多，而且一般生活在地洞里或树上，捉住它们可不是一件容易的事儿。有的同学可能会说，既然吃肉那么困难，就改吃素好了。但是，侏罗纪的植物也不好吃，常见的植物有裸子植物和蕨类植物，种类相对单一。侏罗纪时期也没有好吃的水果哟！所以，大家还是老老实实地待在适合我们生存的这个时代吧。"

"这样看来，侏罗纪世界还真是危险！罗胖，你别去了。万一被恐龙踩成'罗胖化石'，你就永远回不来了！"郭铲儿一脸担忧地说。

“罗胖也可能会变成某种肉食性恐龙的粪便化石，哈哈……”焦圈儿忍不住笑出了声。

罗胖叹了口气：“可是，你们不想看一看真正的恐龙吗？郭铲儿，你可是霸王龙的铁杆粉丝，难道不想去侏罗纪世界一睹它的风采吗？”

焦圈儿看着罗胖，非常严肃地说：“罗胖同学，你在侏罗纪世界看不到霸王龙，因为它生活在白垩纪。”

罗胖、焦圈儿和郭铲儿激烈地讨论着，黄米却没有吱声。只见他用手支着腮帮子认真地思索着，过了好一会儿才说话：“侏罗纪时期有这么多动物，我们该怎么选呢？”

“真的好难抉择啊！侏罗纪的动物有那么多种，恐龙、翼龙、哺乳动物……要我说，咱们各选一种！”焦圈儿说。

“最好有肥膪膪的恐龙，长得圆圆的。大家肯定会喜欢这种外表可爱的动物。到时候，我们就能获奖了。你们看，胖嘟嘟的我是不是很招人喜欢啊？”说完，罗胖还做出一个非常可爱的动作。

虽然大家说了很多，但黄米还是拿不定主意，向我投来求助的眼神：“张老师，您有什么好主意吗？”

我略微思考了一下，然后说：“我们既然来到了云南，当然要选一些云南当地的物种了。要知道，在侏罗纪，这里生活着大大小小的动物，比如我们之前见到的禄丰龙和云南龙。我觉得，你们可以做禄丰龙和云南龙的泥塑。”

“我同意。禄丰龙的名气比较大，大家看到它就会想起云南禄丰。”郭铲儿举起了手。

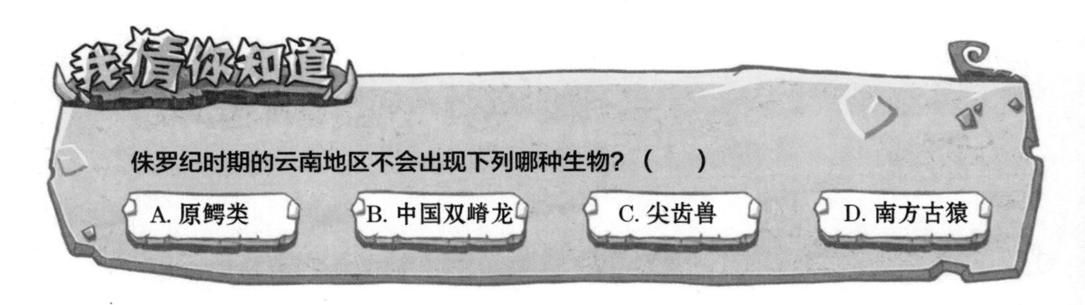

我补充道："除了禄丰龙化石，人们在云南还发现了侏罗纪时期的中国双嵴龙化石、奥氏大地龙化石、禄丰盘古盗龙化石等。侏罗纪的云南不止有恐龙，还有很多其他生物。禄丰地区产出了不少鳄类化石，比如许氏扁颌鳄化石、甲板小鳄化石等。还有哺乳动物化石，比如尖齿兽化石、摩根齿兽化石等。"

孩子们把我说的动物梳理了一遍，最后确定以云南的5种恐龙为原型制作泥塑，即禄丰龙、川街龙、中国双嵴龙、云南龙、昆明龙，此外还选了翼龙等生物。

经过一下午的努力，孩子们终于做好了泥塑作品。他们累坏了，一个个都瘫坐在地上。

罗胖看了看郭铲儿的脸："哈哈，郭铲儿，你好像一只小花猫！"

郭铲儿赶紧擦了擦脸："别光说我呀！你就是一头小花猪！"

等泥塑成型后，孩子们还要给它们上色。因为恐龙的颜色是不确定的，所以他们就开始自由发挥了。罗胖居然把翼龙涂成了金刚鹦鹉的配色，把我们逗笑了。

之后，我们赶往昆明，将作品交给了泥塑大赛主办方。得奖与否并不重要，重要的是孩子们拥有了快乐的体验过程。

没有“鳄样”的鳄类

昆明市地处云贵高原，总体地势北部高、南部低，由北向南呈阶梯状逐渐降低，中部隆起，东西两侧较低。城区坐落在滇池坝子，三面环山，南濒滇池。昆明市气候宜人，冬无严寒，夏无酷暑，四季如春，年平均气温为15℃左右，因此被人们称为“春城”。这里鲜花常年开放，草木四季常青，是著名的花城。

“好舒服啊！”我坐在长椅上，一边呼吸着清新的空气一边欣赏风景。

罗胖悄悄地走到我身前，对我说：“张老师，您闭上眼睛，我有惊喜送给您。”

我笑着闭上眼，不知道这个小家伙又在卖什么关子。

罗胖慢慢地打开纸箱子，他口中的“惊喜”原来是一只小动物：身长约为20厘米，体表有黑色斑点，长着凹凸不平的鳞片和尖尖的小脑袋。此时，它正张着嘴巴，好像在对我们发出警告。

我赶紧把箱子盖紧，然后问道："这是从哪儿弄来的？"

罗胖挠挠头："那边有一个叔叔在卖宠物，我一眼就相中了这个小家伙。他告诉我这是小型蜥蜴，永远长不大，还特别容易饲养，随便喂点水和肉就行。"

我弯下腰，拍了拍罗胖的肩膀："罗胖同学，这可不是惊喜，而是惊吓！它可不是蜥蜴，而是一只凶猛的湾鳄，一旦成年，能长到3~7米，是现存的最大的爬行动物。"

"什么？鳄鱼？"小姑娘郭铲儿被"鳄鱼"这两个字吓到了。

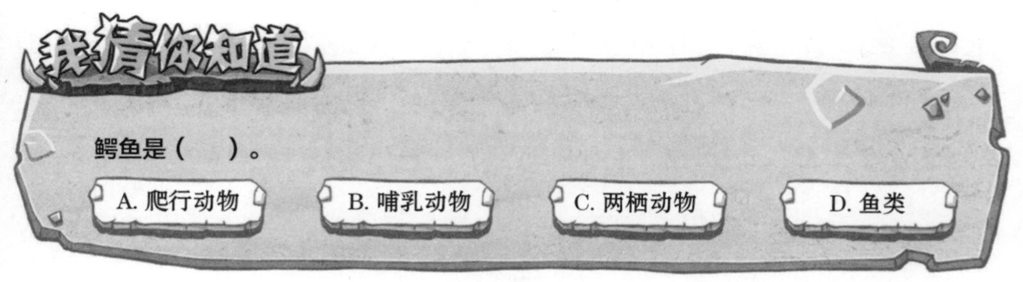

“那它……会……会吃人吗？”此时的焦圈儿说话竟然有些结巴了。

“不会吧，这么小怎么吃人？我看人吃它还差不多。”罗胖反而一点不害怕，还用手指戳了戳小鳄鱼。

“罗胖，小心它咬你的手。”郭铲儿一脸担忧地说道。

“小鳄鱼现在当然不会吃人。但是，它很快就会长大。成年湾鳄有很强的攻击性，咬合力非常惊人，能一口咬碎海龟的龟甲和野牛的骨头。它绝对不能当宠物来饲养。”黄米非常严肃地说。

原来买鳄鱼的时候黄米去买冰激凌了。黄米如果当时在场，一定会阻止他们买鳄鱼的行为。

罗胖听黄米说完，围着小鳄鱼转了一圈，有点胆怯地说：“我的骨头可没有野牛的骨头硬。张老师，要不我们把它放生吧？”

我告诉孩子们：“湾鳄这种动物不能随便放生。盲目放生会破坏生态系

统。看来，咱们只能向相关部门求助了。”

我带着孩子们来到救护繁育中心。

看到工作人员将小湾鳄放到水里，郭铲儿不解地问：“为什么不直接把小鳄鱼送去动物园？”

焦圈儿拼命地点头：“我在动物园里见过鳄鱼！”

我指着湾鳄说：“咱们平时在动物园里看到的鳄鱼一般是淡水鳄。但是，湾鳄更适合生活在温湿的海滨。所以，救护繁育中心专门为它营造了合适的生活环境。”

焦圈儿这才恍然大悟：“我以前只听说过淡水鱼和咸水鱼，没想到鳄鱼也分淡水和咸水啊。”

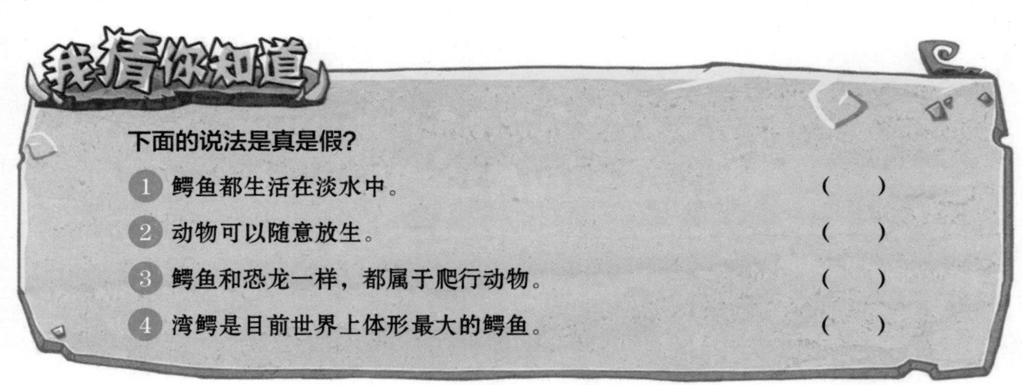

鳄类是一种比较原始的爬行动物，三叠纪就已出现。湾鳄是典型的咸水鳄，拥有较强的耐盐能力。

郭铲儿对这个“鳄老大”充满警惕：“张老师，要是把湾鳄放到海边，它会不会游到海里，欺负海豚等可爱的海洋动物啊？”

我笑着回答：“当然不会。虽然湾鳄是咸水鳄，但它并不算真正的海洋动物。它的活动范围一般位于咸水和淡水交界的地方，比如红树林、沼泽等地。所以，它应该不会和海豚相遇，更不会欺负海豚。”

郭铲儿舒了一口气：“那就好。我可不希望好看的海豚被这个丑陋的家伙吃掉！”

“郭铲儿同学，不能单纯地以美丑去评价自然界的生物哟。它们的类型不同，形态不同，因此美丑的标准是很难界定的。在我看来，它们都是自然界的一分子，都很美丽！”黄米说道。

“黄米同学，你这样说就不对了。我觉得美丑能决定生物的存亡！”焦圈儿说。

“焦圈儿，快说说你的看法！我洗耳恭听！”说完，罗胖就把手放到了耳朵上。

焦圈儿一本正经地说道：“你们看，鳄鱼不仅凶残，颜值还很低，所以不受人们欢迎。但是，小猫和小狗长得非常可爱，人们就很喜欢它们，也愿意饲养它们，并积极采取措施，保证它们后代的繁殖。因此，猫和狗的后代会越来越多，而不受人们欢迎的鳄鱼因为不被重视，只能自生自灭，灭绝的概率就大得多了。”

“好像是这样呢！要是没有人类的干预，不知道它们之中哪一类能生存到最后。”郭铲儿说道。

此时，黄米赶快转移话题，用亮晶晶的眼睛盯着小鳄鱼说："你们知道吗？鳄类曾和恐龙一起生活在地球上。恐龙灭绝了，它们却存活至今。鳄类的生命力多么顽强啊！"

"鳄类不仅生命历史漫长，还差点成为海洋霸主呢。现在的鳄鱼虽然也算是站在食物链的顶层，但是跟祖先的辉煌过往比起来，还差得远呢。"我补充道。

孩子们赶快围过来："张老师，您快给我们讲讲吧！没想到鳄类也有称霸海洋的雄心啊！"

我讲道："在三叠纪时期，地球上生活着多种爬行动物，其中名字中带有'鳄'字的爬行动物多是当时的霸主，比如加斯马吐鳄、古鳄、引鳄等。它们的外形像鳄鱼，个个凶恶残暴。不过，它们并不是真正的鳄鱼，而是鳄鱼的远亲，属于主龙类。主龙类一般指占统治地位的爬行动物，包括我们熟悉的恐龙、翼龙和鳄类等。

"其中，鳄形类在三叠纪末期的生物大灭绝事件中幸存下来。后来，部分鳄形类又在白垩纪末期的生物大灭绝事件中存活下来。它们是鳄鱼的远古祖先。不过，鳄鱼的祖先和现在的鳄鱼长得有些不一样。有些鳄形类成员体形小巧，十分灵活，平时以昆虫为食，并且不喜欢生活在水里，而是和恐龙一样，喜欢生活在陆地上。"

"想不到凶残的鳄鱼竟然是由小不点儿演化而来的，演化真是太奇妙了！"罗胖兴奋地说。

"兔子是不是很小？兔鳄和现在的兔子差不多大，是小型初龙类。科学家普遍认为它们可能是恐龙和翼龙的祖先。"我补充道。

孩子们听得很认真，生怕错过了什么。

我又讲道："后来，鳄类不满足于只在陆地上横行，有了征服星辰大海

的野心，开始朝着海洋和天空发展。有些鳄类逐渐适应了海洋环境，成为海生鳄类。”

孩子们吃惊得眼珠都要瞪出来了：“海生鳄类？”

我点点头：“是的。咱们送来的湾鳄虽然是咸水鳄，但是它的身体特征和陆生动物的区别不怎么明显，四肢和尾部没有演化成鳍状肢和鳍状尾。它们不适合游泳，而且也不能长时间停留在海水中。但是，一些中生代的鳄类已经变成了真正的海生鳄类，其中比较具有代表性的就是地蜥鳄。

“地蜥鳄的名字确实跟它们的海生习性不太相符。起初，人们以为地蜥鳄是生活在陆地上的动物，后来才了解到该物种大部分时间在水下度过。地蜥鳄身长为3米左右，身体呈流线型，长着鳍状尾，体表比较光滑，不像现在的鳄鱼那样长着坚硬的盔甲。这样的身体特点使地蜥鳄非常适合在海中游泳。”

郭铲儿捂着嘴笑了起来：“我们可以把地蜥鳄的样子想象成长着滑溜溜皮肤的鳄鱼，感觉有些好笑呢！地蜥鳄真是没有‘鳄样’！”

罗胖也开始笑起来：“没有‘鳄样’，哈哈，没有盔甲的鳄鱼一点儿都不霸气！它看起来一定不吓人。”

“千万不要小看它们哟。它们把自己的皮肤弄得滑溜溜的就可以更好地适应海洋生活。它们虽然皮肤没有那么坚硬，但战斗力相当强，能一口咬破鱼龙的肚皮。中小型鱼类、菊石、龟类甚至蛇颈龙的幼崽都是它们的捕猎对象。有时它们还会袭击在海面飞行的翼龙呢。”我说。

焦圈儿兴奋得站了起来：“海鳄家族这么强大，有没有成为海洋霸主呢？海中‘鳄势力’横扫海洋，藐视一切。想想都觉得霸气！”

地蜥鳄捕食

我摇摇头：“很可惜，鳄类称霸海洋的梦想破灭了。在中生代，海生爬行动物群雄争霸，比海鳄类体形更大、更凶恶的海洋爬行动物有很多，如蛇颈龙、克柔龙、海王龙、沧龙等。随着其他海生爬行动物异军突起，海鳄类最终没有守住海洋这块阵地。”

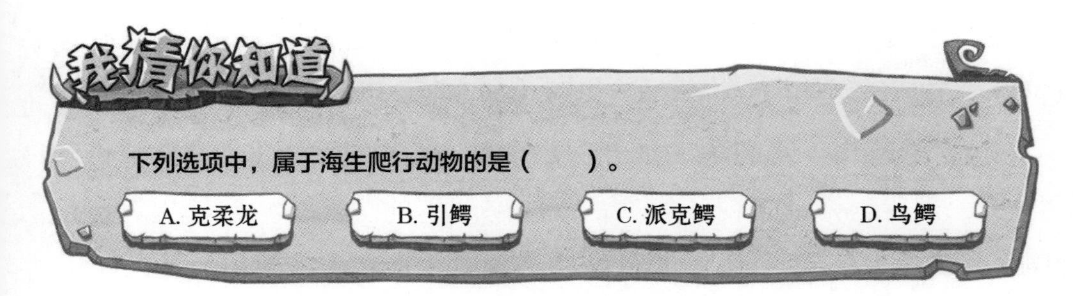

焦圈儿垂头丧气地说：“真是太可惜了，‘既生瑜，何生亮’啊？”

我拍了拍焦圈儿的肩膀：“用生不逢时来形容海鳄类非常恰当。不过，你也不用觉得遗憾，因为留在陆地上的鳄类出现了厉害的家伙。像生存于白垩纪的帝鳄，体长约为10米。当时，就连凶猛的恐龙也要敬它三分。

“还有体长达到12米左右的恐鳄，也是体形较大的鳄类，被古生物学家称为‘恐怖的巨鳄’。”

黄米问道：“张老师，像帝鳄和恐鳄这样的超级巨鳄真的能捕食恐龙吗？”

我回答：“从现代鳄鱼的猎食习性来看，尼罗鳄、湾鳄等大型鳄鱼的猎食对象一般是体形比自身小一些的动物。帝鳄的嘴部结构比较接近现在的恒河鳄的嘴，又窄又长。因此，我认为它不会主动攻击岸上的恐龙。

“恐鳄就不同了。科学家曾在美国得克萨斯州发现了鸭嘴龙的尾椎化

石，上面有恐鳄的齿痕。这说明恐鳄可以在岸边捕杀恐龙，但目标是体形相对较小的恐龙或恐龙幼崽。”

“恐鳄有可能攻击大型肉食性恐龙吗？比如同样生活在白垩纪的霸王龙。”黄米问。

我用手机打开一张图，然后说：“你们看，这是一幅很有名的古生物复原图，图中的主角就是大名鼎鼎的恐鳄和霸王龙。这幅复原图让很多人认为恐鳄能杀死霸王龙。事实上，它们连打上一架的机会都没有。这是因为在霸王龙出现之前恐鳄就灭绝了。虽然我们无法看到恐鳄大战霸王龙这样的好戏，但是有一种凶猛的肉食性恐龙和恐鳄生活在同一时期，那就是艾伯塔龙。”

“作为当时的顶级掠食者，这两种生物到底哪一种更强大呢？”罗胖问。

我回答：“我们可以先作一个简单的比较。成年艾伯塔龙的体长约为9米，而成年恐鳄的体长大约为12米。在体形上，恐鳄略胜一筹。不过，艾伯塔龙是群居动物。我想，恐鳄是不敢跟一群艾伯塔龙战斗的。”

“除了艾伯塔龙，与恐鳄生活在同一时期的还有其他掠食者呢，比如阿巴拉契亚龙、海王龙等。”黄米说。

我继续讲道：“虽然斗不过成群的艾伯塔龙，但恐鳄可以欺负它们的小亲戚，也就是黄米刚才提到的阿巴拉契亚龙。这种恐龙的体长约为7米，科学家在其化石上发现了恐鳄的咬痕。

恐鳄捕杀阿巴拉契亚龙

“至于海王龙，当时的它们远不是恐鳄的对手。所以，我们可以大胆推测：恐鳄更喜欢在海中排挤海王龙，而不会在陆地上与艾伯塔龙群恶斗。也许副栉龙是恐鳄的捕食对象。我给你们讲一个关于恐鳄捕食副栉龙的故事吧！”

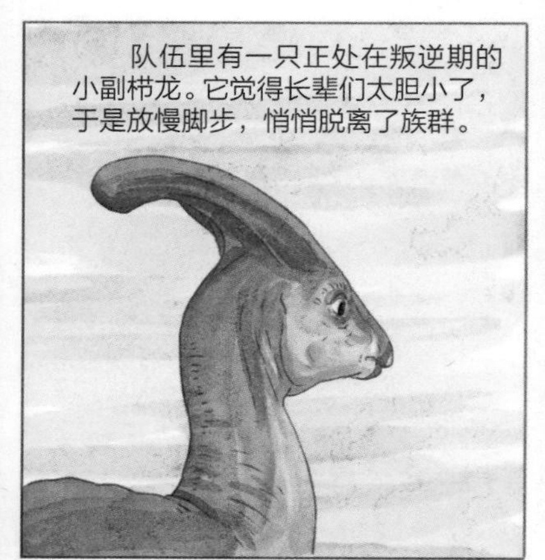

小副栉龙咕咚咕咚地喝起水来，丝毫没注意到水面下暗藏的危机。
水下的恐鳄已等候多时。它慢慢向小副栉龙的方向靠近。对于猎物，它很有耐心。

突然，恐鳄发动攻击，张开大嘴，猛地扑向小副栉龙。
突然出现的血盆大口让小副栉龙惊慌不已。它本能地向后退，但为时已晚。

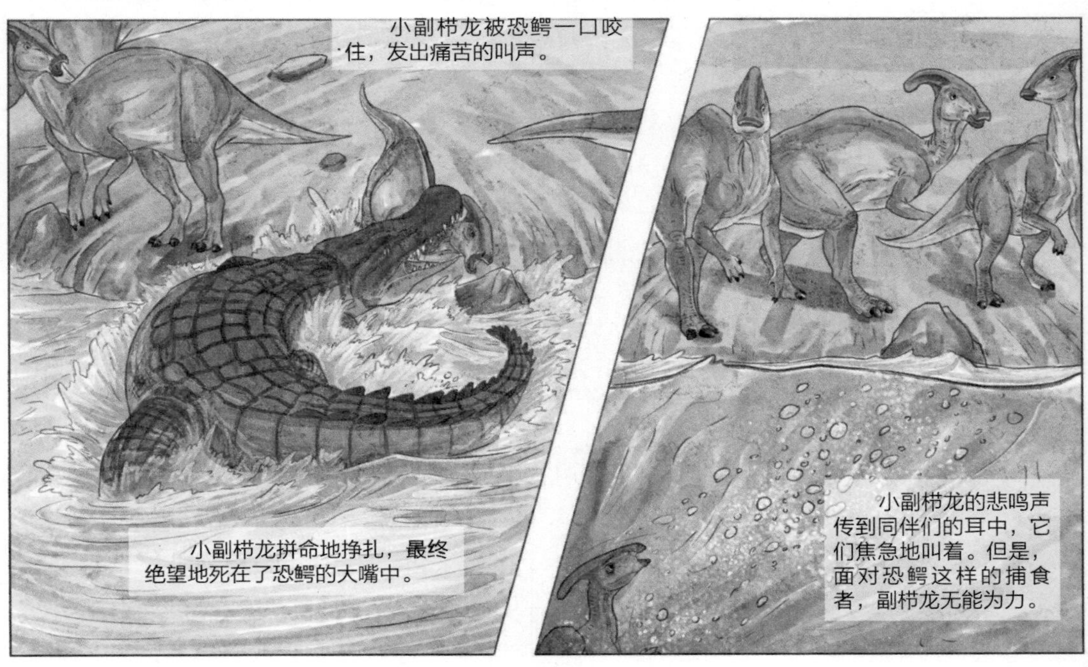
小副栉龙被恐鳄一口咬住，发出痛苦的叫声。
小副栉龙拼命地挣扎，最终绝望地死在了恐鳄的大嘴中。
小副栉龙的悲鸣声传到同伴们的耳中，它们焦急地叫着。但是，面对恐鳄这样的捕食者，副栉龙无能为力。

小副栉龙的故事让孩子们唏嘘不已。他们同情可怜的小副栉龙，但也惊叹于恐鳄的强大战斗力。

“然而，恐鳄只拥有了短暂的辉煌时刻。它们和其他巨型动物一样，过于依赖环境。后来，由于气候发生变化，恐鳄找不到足够的食物，被大自然淘汰了。适者生存，优胜劣汰。这是大自然永恒的规律啊。”我对孩子们说。

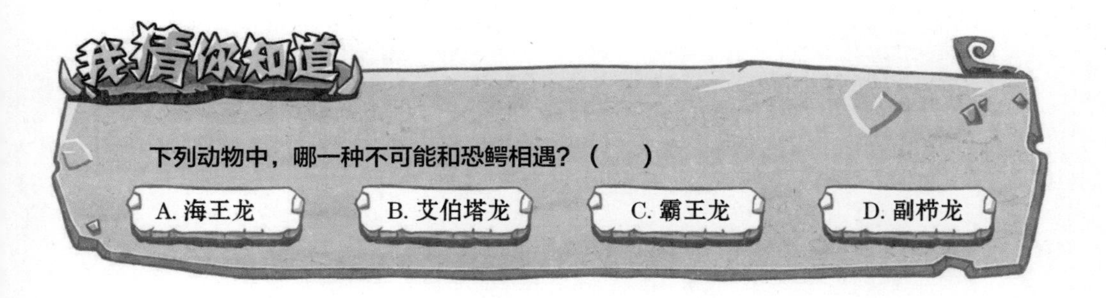

带着十八般兵器的恐龙

“丁零零……”夜里，我的手机忽然响了起来，是四川的一个同事打来的电话。原来自贡恐龙博物馆有一批恐龙标本要进行展览，其中一件展品由多块骨骼化石组成，并且大部分骨骼化石是真实的，只有很少部分是还原的模型。可是，在进行编号的时候，工作人员不小心把编码搞错了，导致标本无法继续安装。因此，他们希望我到四川自贡紧急“救场”，协助工作人员拼装化石标本。

隔壁床上的罗胖睡眼蒙眬地听到我和同事的通话内容，忍不住说：“我都会拆装恐龙，博物馆的工作人员怎么还搞不明白啊？”

我被罗胖的话逗笑了，摸了摸他的头：“你拆装的是恐龙玩具模型，当然容易。组装、拆卸恐龙骨架化石是一项技术性很强的工作，恐龙骨骼的衔接和拼装必须以解剖学为依据。还原恐龙标本可没有那么简单。”

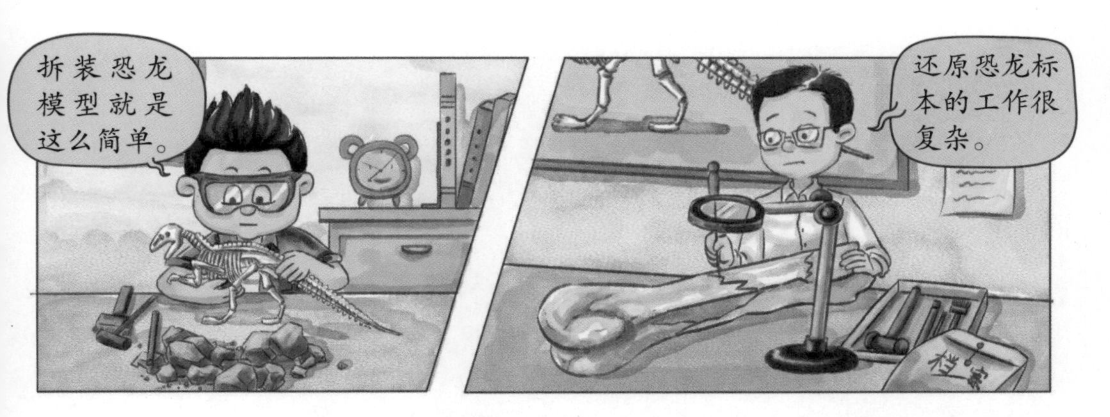

第二天一早，我和孩子们说了要赶往自贡的消息。罗胖和焦圈显得异常兴奋，黄米和郭铲儿自告奋勇，加入了我们。就这样，我带着4个孩子赶往四川自贡，下了火车，便直奔自贡恐龙博物馆。

自贡恐龙博物馆位于四川省自贡市的东北部，是在世界著名的大山铺恐龙化石群遗址上就地兴建的一座大型遗址类博物馆。它不仅是我国第一座专业恐龙博物馆，还是世界三大恐龙遗址博物馆之一。

进入恐龙展厅，成群的恐龙化石映入眼帘，中间最高大的家伙就是著名的“长脖子王”合川马门溪龙骨架化石，身长约为20米。旁边是巴山酋龙骨架化石，这种恐龙颈部中等长度，头大而厚重，体长约为12米。它常被称为“大头龙”，通常在河畔湖滨地带生活。

焦圈儿仰视着眼前的恐龙骨架，感叹道：“马门溪龙简直太大了！别的恐龙在它面前就是小不点儿。”

我有意考考这些孩子："看到一种恐龙的骨架标本时，我们首先要辨别这种恐龙属于哪个目。你们谁能告诉我眼前这具标本显示的恐龙属于哪个目？"

黄米说道："蜥臀目。"

我点了点头："回答正确！蜥臀目又分为兽脚类恐龙和蜥脚类恐龙，谁再说一说合川马门溪龙属于兽脚类恐龙还是蜥脚类恐龙？"

黄米想了想：“它属于蜥脚类恐龙。”

我反问他：“你依据什么判断它属于蜥脚类恐龙呢？”

焦圈儿仔细观察眼前的标本：“它体形很大，用四足行走，而兽脚类恐龙一般用两足行走。”

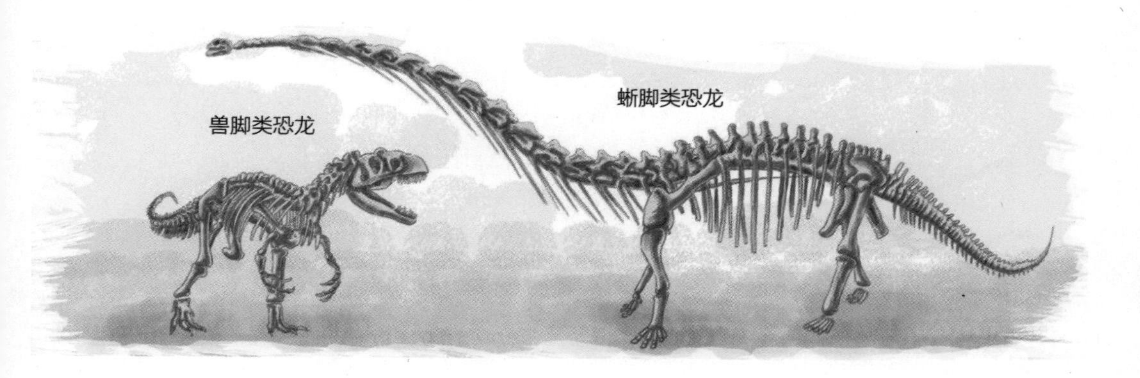

我点点头：“你们对恐龙的基础知识掌握得很扎实。它的确是蜥脚类恐龙。蜥脚类恐龙是人们比较熟悉的一类恐龙，一般具有相似的特征，比如拥有庞大的身体、用四足行走、脖子很长、头却很小、长着勺形或棒状的牙齿。它们曾是地球上最大的陆生动物。最小的蜥脚类恐龙可能比成年的大象还要大，而最大的蜥脚类恐龙体长可达到40米，体重可能超过100吨。也许海洋中的鲸可以与它们比一比体形。

“我国的古生物学家董枝明将蜥脚类分为梁龙科、圆顶龙科和马门溪龙科三大分支。目前全世界发现了很多种蜥脚类恐龙化石，其中骨架比较完整的主要有梁龙、圆顶龙、腕龙、马门溪龙、峨眉龙和蜀龙等。自贡出土的蜥脚类恐龙有李氏蜀龙、天府峨眉龙、杨氏马门溪龙和巴山酋龙等。蜀龙的体长一般为12米，而峨眉龙的体长可以达到20米。”

罗胖不解地问：“蜥脚类恐龙为什么长得那么高大呢？”

我回答：“在侏罗纪，蜥臀类恐龙迅速演化，特别是到侏罗纪中、晚期，地球上出现了许多巨型蜥脚类恐龙和大型肉食性恐龙。这和当时的自然环境是分不开的。

“从三叠纪中期开始，泛大陆开始出现分裂的前兆。到了三叠纪晚期，泛大陆开始分裂、解体，各大陆块先后分开，向着今天的位置缓慢漂移。陆块分离引起海水浸入，使全球气候变得温暖、湿润。

“地势平坦、河湖广布、植被繁茂是侏罗纪的环境特点。在这种优越的自然条件下，恐龙进入了大发展时期。植食性恐龙发展迅速，出现了蜥脚类恐龙的大繁荣。‘饱食终日，无所用心’，它们的体形越来越大，出现了数十米长、数十吨重的巨型蜥脚类恐龙，峨眉龙、马门溪龙、梁龙、腕龙就是这类恐龙的典型代表。虽然肉食性恐龙有尖牙利爪，但面对这样的庞然大物，它们有些望而生畏，不敢贸然进犯。打个比方，处于食物链顶端的狮子一般情况下不敢袭击体形比它们大的长颈鹿。”

几个孩子走到一组恐龙化石面前。这里一共有3具化石标本，看起来有些像一家三口。罗胖指着其中最大的一具化石标本问道：“张老师，这个大家伙叫什么名字呀？”

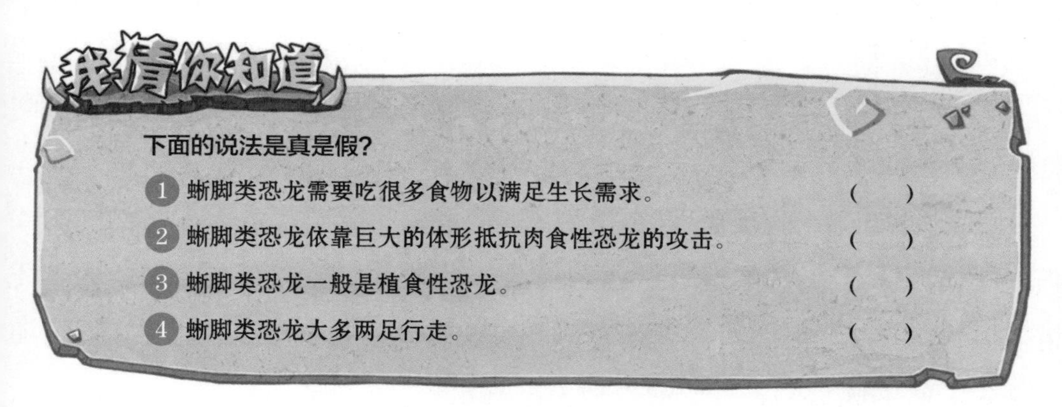

下面的说法是真是假？

1. 蜥脚类恐龙需要吃很多食物以满足生长需求。 （ ）
2. 蜥脚类恐龙依靠巨大的体形抵抗肉食性恐龙的攻击。 （ ）
3. 蜥脚类恐龙一般是植食性恐龙。 （ ）
4. 蜥脚类恐龙大多两足行走。 （ ）

我回答：“它是李氏蜀龙，生存于中侏罗世的四川盆地，是一种中等大小的短颈型的蜥脚类恐龙，颈部仅由13节颈椎组成。要知道，杨氏马门溪龙拥有18节颈椎呢！李氏蜀龙头骨大小适中，牙齿细长，呈勺状，以柔嫩多汁的植物为食，通常在河畔湖滨地带生活。李氏蜀龙的后肢比前肢长，脚趾骨没有减少，说明它属于原始类型。”

郭铲儿围着李氏蜀龙骨架化石转了一圈儿，然后看向我：“张老师，李氏蜀龙没有霸王龙那么锋利的爪子和匕首般锐利的牙齿，是不是经常被肉食性恐龙欺负啊？”

我笑了笑：“蜥脚类恐龙在侏罗纪演化得如此成功与防御敌害本领的加强有很大关系。蜀龙虽然没有锋利的爪子和牙齿，但也不会坐以待毙。凭借着巨大的体形，它们就可以吓退那些虎视眈眈的捕食者。况且，它们还随身携带着武器呢！肉食性恐龙一般不敢靠近它们！”

焦圈儿兴奋得直接跳了起来："武器？恐龙也有武器？是刀还是枪？"

"我觉得是体重。这么重的身体要是一屁股坐到其他恐龙身上，不得把它们压扁啊？"郭铲儿说道。

"我觉得是尾巴。你们看，李氏蜀龙的尾巴就像长长的鞭子。被这样的鞭子抽一下，那滋味绝对不好受。"罗胖说着还耸了耸肩。

"我觉得应该是脖子。长颈鹿就用脖子打架呀！"焦圈儿目光炯炯，盯着恐龙化石，好似目睹了李氏蜀龙的打架场景一般。

我摇摇头："你们说得都不对，答案就在骨架化石上，大家再找一找。"

黄米围着恐龙化石转了一圈又一圈，无奈地说道："我头都转晕啦，还是找不到啊！"

"有一部小说叫《隋唐演义》，里面有位好汉叫李元霸。他的兵器是擂鼓翁金锤，一锤下去，打得敌人骨断筋折。李氏蜀龙也有个类似的武器，你们再仔细找找。"我提醒着。

罗胖揉着脑袋问道：“李氏蜀龙用四足行走，根本就拿不了大锤啊？难道它们还背着背包，把大锤放到背包里？”

“恐龙背着背包？这个想法不错哟。”郭铲儿看着罗胖。

我指了指李氏蜀龙的尾巴：“李氏蜀龙的尾巴末端有一个由尾椎愈合、膨大形成的锤状物，叫作‘尾锤’。人们在其他地方发现的蜥脚类恐龙没有这种尾锤。李氏蜀龙的出现改变了蜥脚类恐龙不具备自卫能力的传统观点。

李氏蜀龙尾锤化石

“我们再看看天府峨眉龙。它们和李氏蜀龙一样用尾锤当作武器。不远处就是峨眉龙母子的装架化石。”

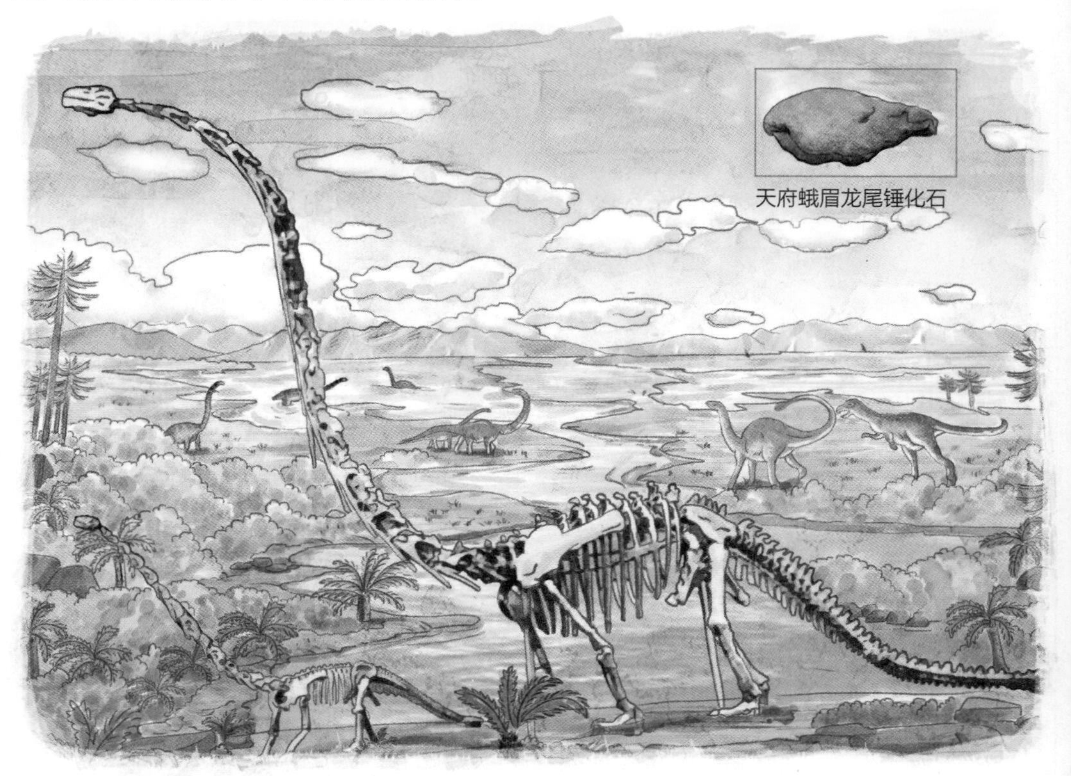

天府蛾眉龙尾锤化石

此时，就连一向很沉稳的黄米都有点兴奋："李氏蜀龙和天府峨眉龙的秘密武器都是尾锤。"

罗胖很自豪地说："我刚才说李氏蜀龙的武器是尾巴，算是答对了一半儿！"

焦圈儿跳了起来："吃俺李元霸一锤！"

工作人员被他俩逗得笑了起来："张老师，您带来的几个小朋友真是活宝！"

男孩子可能对武器一类的话题特别感兴趣。瞧，焦圈儿同学对李氏蜀龙的尾锤羡慕不已。其实，关于蜀龙的尾锤还有很多有趣的故事呢。

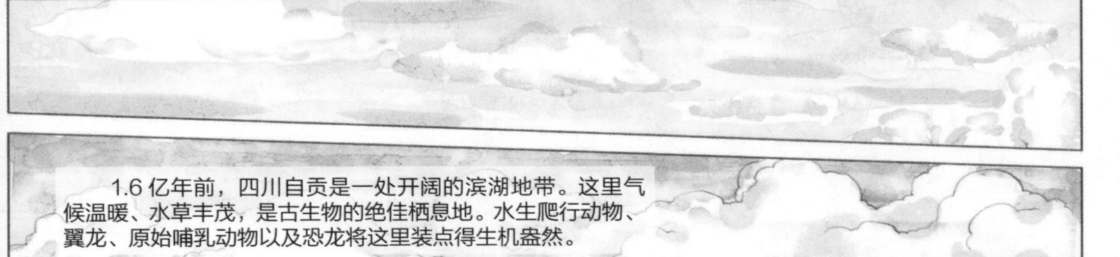

李氏蜀龙一家三口正在悠闲地散步，时而吃些鲜嫩多汁的植物。它们的生活既安逸又舒心。

树林后，两只永川龙正虎视眈眈地盯着蜀龙一家。它们的目标是那只小蜀龙。
小蜀龙看到树丛中的细嫩叶子，摆着尾巴走了过去。
机会来了！只要小蜀龙再靠近一点儿，永川龙就可以发动攻击了。
永川龙兴奋极了，身体忍不住向前移动，枝叶颤动着发出声响。这让小蜀龙紧张地停住了脚步。
两只永川龙对视一眼，示意对方没必要隐藏了。它们决定提前出击。
永川龙猛地冲出树丛，朝着小蜀龙冲去。小蜀龙急忙转身，拼命向爸爸、妈妈的方向逃去。

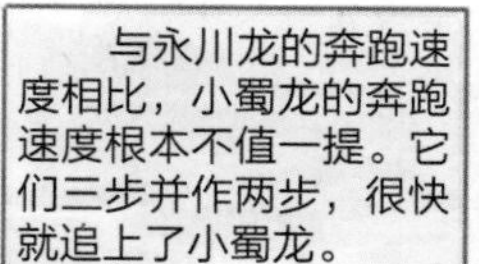

不过，小蜀龙年纪还小，也没有什么战斗经验，它的“尾锤攻击”被对手轻易躲了过去。

小蜀龙的无效反击让永川龙更加兴奋，其中的一只张着大嘴朝小蜀龙的脖子咬去。小蜀龙绝望地闭上了眼睛。

另一只永川龙看到同伴的惨状，只能恶狠狠地盯着蜀龙，不敢上前。
小蜀龙趁机跑到爸爸、妈妈身边。它刚才被吓坏了。
蜀龙爸爸走上前，与两只永川龙对峙着。它们谁都不退让，也都没有率先发动攻击。
那只被击倒的永川龙慢慢站了起来，摇摇晃晃地走到同伴身边。

它俩看了看躲在爸爸身后的小蜀龙，十分不甘心，但又怕被蜀龙爸爸的尾锤砸到。

蜀龙爸爸摇动着尾巴，展示着自己的尾锤，威慑对面的敌人。之前被砸中的永川龙瑟缩了一下，隐隐作痛的身体让它想起了那个“大锤子”的威力。它慢慢后退，决定放弃这次捕猎行动。

敌人离开了，蜀龙一家松了口气。小蜀龙抬起头，一脸崇拜地看着自己的爸爸。

其实，很多植食性恐龙携带着防御性武器。它们似乎用武器告诫敌人："我虽然不会主动欺负别的恐龙，但也是不好惹的！""龙不犯我，我不犯龙。龙若犯我，我必犯龙！"

罗胖问："张老师，这些恐龙的武器除了尾锤，有没有斧头、刀剑这类的？"

焦圈儿也忍不住说道："张老师，您快说说还有哪些恐龙携带着武器。"

我带着大家走到一具太白华阳龙化石标本面前，对他们说："和蜀龙一样，华阳龙也生活在侏罗纪时期的四川盆地。太白华阳龙是一种小型到中等大小的原始剑龙，体长约为4米。大家看，它们的背上有两排三角形的骨板，宛如一把把宝剑。但是，这种骨板没什么威力，可能是用来吓唬敌人的一种装饰物，也可能具有调节体温的功能。它们真正的武器是尾巴上的两对锋利的骨质尖刺。一旦遇到敌人，太白华阳龙就会甩动尾巴，用尖刺狠狠地刺过去，击退那些欺负它们的捕食者。

"太白华阳龙化石可是自贡恐龙博物馆的镇馆之宝，是世界上最早的保存完整的剑龙化石。太白华阳龙是目前世界上已知的生存时代最早、较原始的剑龙类。它们的发现为剑龙起源于亚洲的理论提供了实证，具有重要的科学意义。旁边被太白华阳龙尖锐的尾刺戳中腹部的恐龙叫自贡四川龙，个体中等大小，体长约为6米，是凶猛的肉食性恐龙。”

“它们是在同一个地点被发现的吗？”郭铲儿问。

“是啊，太白华阳龙的化石发现于大山铺恐龙化石群遗址。除了剑龙类的华阳龙，古生物学家还在这里发现了蜥脚类的蜀龙、峨眉龙以及兽脚类的四川龙、气龙等。太白华阳龙生活在河流纵横、植被繁茂的环境中，多啃食比较低矮的植物。它们在‘百年中国十大恐龙明星’中榜上有名哟。”我回答。

罗胖拍了拍自己的肚子：“剑龙和我一样，是长着圆肚子的乖宝宝！”

焦圈儿摇摇头：“不！你爱吃肉，剑龙喜欢吃素，你们不一样。”

罗胖冲着焦圈儿做了一个鬼脸：“你这只残暴的四川龙，看我的‘尖刺攻击’！”

“你说错了，我是蜀龙，看我的‘天马流星锤’！”焦圈儿和罗胖扭打在一起。

华阳龙可以说是植食性恐龙中的小个子，很容易成为肉食性恐龙的攻击目标。因此，它们组建了“野餐小队”，常常三五成群地外出觅食。这样，即便遇到凶猛的四川龙等肉食性恐龙，它们也不怕——它们会一起用长着尾刺的尾巴狠狠地抽向捕食者，把对方打跑。

“还有一种恐龙长着防御武器。它们的武器不在尾巴上，而是在头和脖子上。这种恐龙就是角龙。角龙是鸟臀目恐龙，生活于白垩纪。实际上，角龙既带着‘矛’又长着‘盾’。它们的‘矛’就是头上数目不等的角。这些角锋利无比，能穿透肉食性恐龙的身体，把肉食性恐龙刺得浑身是血。它们的‘盾’就是从头骨后部长出的宽大的骨质颈盾。它们用颈盾把颈部遮挡得严严实实的，让肉食性恐龙无法轻易攻击到身体的脆弱部位。网络上有很多三角龙和霸王龙对决的图片或影片，因此有人认为二者的战斗力不相上下。”我对孩子们说。

罗胖笑嘻嘻地说：“我要是有一头三角龙就好了！我可以带着它打遍天下无敌手！”

黄米和他开起了玩笑：“你要是带着三角龙，我就带上‘坦克龙’，咱们一决高下！”

罗胖问："什么是'坦克龙'？"

黄米解释道："'坦克龙'就是甲龙。甲龙身上披着坚硬的'铠甲'，身上长着成排的尖刺，尾巴上还有重重的尾锤。因为身上的'保护装置'太重了，同时四肢又比较短，所以甲龙跑不快，看上去有点像慢速行驶的坦克。因此，有人叫它们'坦克龙'。"

罗胖很兴奋："黄米同学，你带着甲龙，我带着三角龙，我们组成恐龙装甲战队，绝对天下无敌。"

郭铲儿说："别忘了我，我要带上有大尾锤的蜀龙！"

焦圈儿举起了手："恐龙战队怎么能少了恐龙'刺客'剑龙？"

恐龙装甲战队成立了。

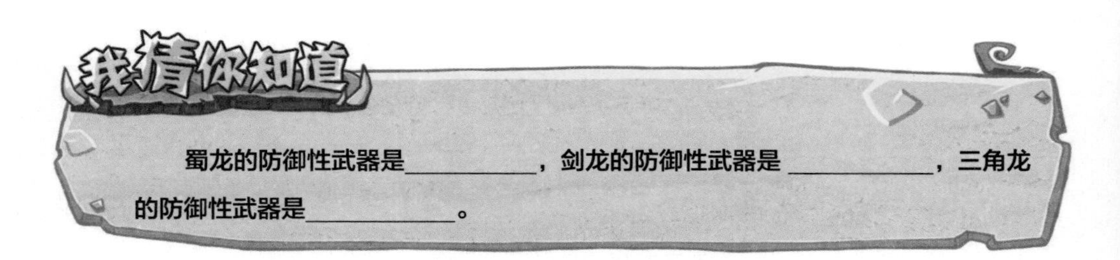

蜀龙的防御性武器是__________，剑龙的防御性武器是__________，三角龙的防御性武器是__________。

侏罗纪王者——兽脚类恐龙

我开始帮助这里的工作人员组装恐龙化石骨架。紧张工作了3天后，化石骨架终于装好了。这几天孩子们为了不同的观点争论不止，也算是给这份工作增加了一些乐趣。之后，我们和孩子们又一起来到恐龙化石陈列厅。

我讲道："同学们，侏罗纪时期，植食性恐龙迎来了大繁荣，并相应地带动了肉食性恐龙的兴旺。因此，大型食肉恐龙迅速发展起来，气龙、永川龙、异特龙都是侏罗纪非常具有代表性的中到大型食肉恐龙。自贡地区出土的兽脚类恐龙主要包括建设气龙、自贡四川龙、和平永川龙等。"

罗胖走到一具恐龙化石标本面前，说："张老师，您看，这只恐龙的牙齿长得和小匕首一样。这种牙齿一定很适合吃肉、啃骨头。不像我，有一次吃牛排差点把牙崩断了。"

焦圈儿无奈地耸耸肩："罗胖，别人都是'出口成诗'，到你这里怎么就成了'出口成吃'呢？"

我走了过去，说道："罗胖说得没错。这是建设气龙的骨架化石，建设气龙最喜欢吃的就是肉了。"

孩子们都很好奇："建设气龙的名字好特别呀！这是一种爱生气的恐龙吗？"

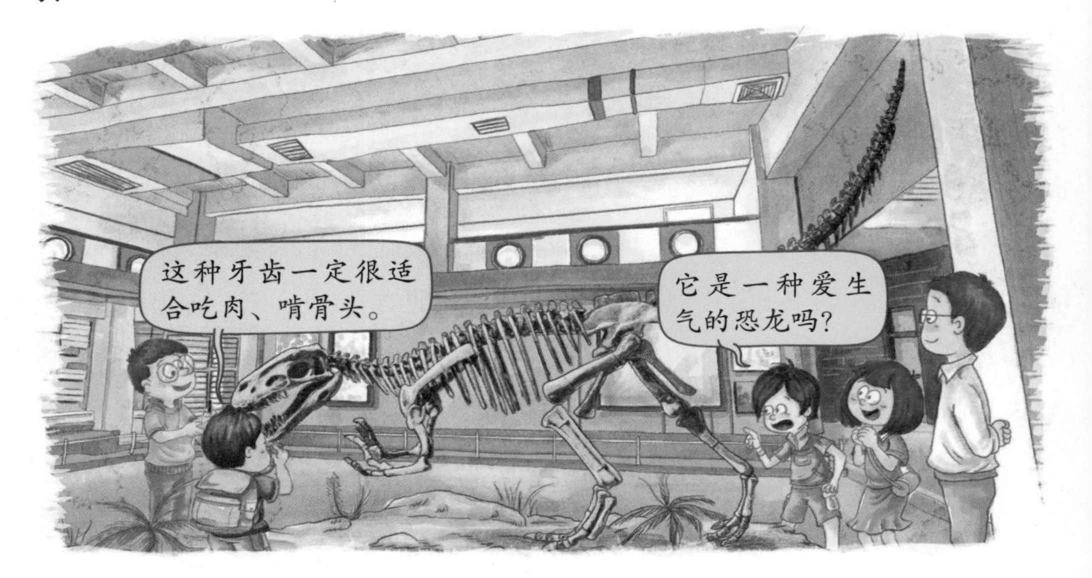

我被孩子们逗笑了："建设气龙并不是爱生气的恐龙。它们是人们在大山铺建设气矿时发现的，所以被叫作这个名字。建设气龙是一种生存于中侏罗世的兽脚类恐龙，体长约为4米，身高约为两米，是一种小型的原始肉食性恐龙。肉食龙超科包括霸王龙科、棘龙科和巨齿龙科。其中，霸王龙科的成员是一群晚白垩世的巨型肉食性恐龙，前肢高度退化，前肢与后肢的长度之比约为1比3。你们看，这只建设气龙的前肢与后肢的长度之比约为1比2。所以，我们可以确定，它不属于霸王龙科。棘龙科成员的外表相当有特点，背上有呈帆状的高而长的神经棘，而建设气龙的背上并没有类似的帆状物。因此，建设气龙应属于巨齿龙科。"

"张老师，这只建设气龙头骨很大，牙齿像匕首一样锋利，前肢退化，后肢强壮，我猜它是非常厉害的捕食者。”焦圈儿说。

“是的，气龙是中侏罗世自贡地区霸气十足的捕猎者。”我肯定了焦圈的说法。

“张老师，食肉恐龙都是兽脚类恐龙吗？”黄米问。

“绝大部分兽脚类恐龙是肉食性恐龙。兽脚类恐龙成员大小不一，既有霸王龙那样的大块头，也有和鸡差不多大的美颌龙。”我回答。

建设气龙

郭铲儿觉得建设气龙的体形不够大，于是不屑地说道：“这头建设气龙身材矮小，看着不够威风！”

罗胖也表示赞同：“我也觉得它不是很厉害。可是，刚才张老师说建设气龙是霸气十足的捕食者。我真想不明白这样的小个子恐龙是如何捕食的。”

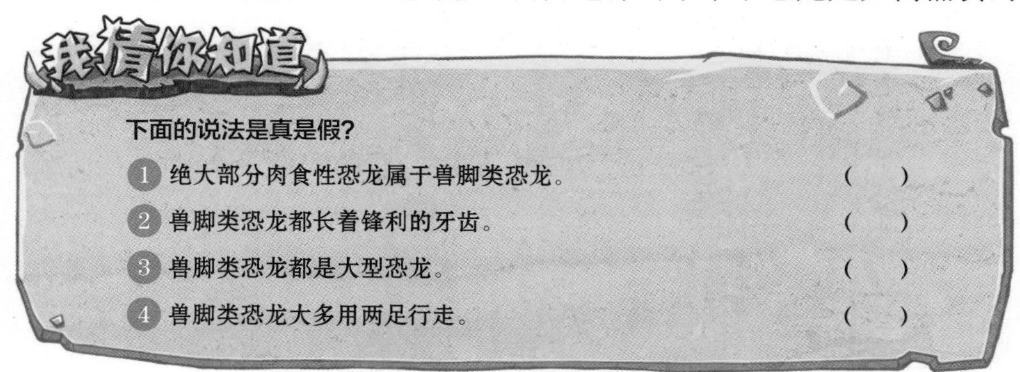
我猜你知道

下面的说法是真是假？

1. 绝大部分肉食性恐龙属于兽脚类恐龙。 （ ）
2. 兽脚类恐龙都长着锋利的牙齿。 （ ）
3. 兽脚类恐龙都是大型恐龙。 （ ）
4. 兽脚类恐龙大多用两足行走。 （ ）

焦圈儿反驳道："不能只凭外形就说建设气龙不厉害！"

"人不可貌相，恐龙也不能光看外表！"黄米加入了焦圈儿的阵营。

我打断了他们的讨论："气龙很可能像今天的狼一样，采取群体猎食的方式。小型肉食性恐龙一般过着群居生活，群体觅食。发现猎物后，它们先伺机靠近，然后群起而攻之。小型肉食性恐龙大都善于奔跑，群体追赶、合力围捕都是它们惯用的捕食方式。它们的主要猎物是小到中型的动物。这些猎物只要被它们追赶上或集体围住，就会遭到无数尖牙利齿的撕咬，最后被成群的气龙分食。

“而大型肉食性恐龙一般单独活动，依靠自己的力量捕食中到大型的植食性恐龙。霸王龙作为肉食性恐龙演化的顶点，是典型的最为进步的大型肉食性恐龙。霸王龙会在猎物经常出没的地方隐蔽起来，然后在合适的时机突然蹿出，对猎物发动猛烈袭击。它一般先用身体将猎物撞倒在地，再张开布满尖锐牙齿的血盆大口，使劲儿撕咬对方的皮肉，最后咬断对方的脖子……”

我指了指前面一具恐龙化石骨架，继续讲道：“这具恐龙化石比刚才的气龙化石高大得多，长约9米，有着硕大的头部、大大的眼眶，嘴里布满尖刀状的牙齿，看上去就令人胆寒。它的前肢短而灵活，爪子像鹰爪一样尖锐，后肢粗壮有力，其三趾型的后脚非常适合奔跑。这具化石标本也是自贡恐龙明星，而且是生活在侏罗纪的大型肉食性恐龙——永川龙！”

孩子们将刚才的话题抛在脑后，注意力集中在永川龙骨架化石上，围着它不断观察，就连一向淡定的黄米同学也有点激动："这具永川龙骨架化石是目前亚洲发现的最大、最完整的肉食性恐龙骨架化石。它身长约为9米，高度约为5米。你们看！它的头特别大，长度超过1米！如此霸气的外形让其他动物望而生畏。"

我点点头："1985年，自贡市和平乡村民发现了几块恐龙尾椎化石，当即通知了自贡恐龙博物馆。工作人员得知消息后，立即赶往现场，之后发掘出一具相当完整的肉食性恐龙骨架化石。村民们发现的正是永川龙化石。你们知道吗？永川龙的捕食对象包括大名鼎鼎的马门溪龙呢。"

"天呀，永川龙和马门溪龙？真是不敢想象，一个大家伙和一个巨大的

家伙打起来，产生的冲击不亚于一场小型地震吧！”罗胖简直不敢相信自己的耳朵。

其实，科学家经过研究发现，这具永川龙骨架化石的肩胛骨处有骨折过的痕迹。与它生活在同一时期的动物中，拥有尾锤的合川马门溪龙很有可能是导致它骨折的施暴者。故事也许是这样的……

马门溪龙专心吃着嫩叶。忽然，一只翼龙慌张地飞了过来。
鸿鹤盐都龙像是明白了什么，赶紧呼唤同伴，快速奔跑起来，不一会儿就钻进了森林深处。
马门溪龙知道这是危险来临的信号，便朝着翼龙飞来的方向望去。果然，一只永川龙走了过来。
永川龙是这里最凶悍的肉食性恐龙，但合川马门溪龙也不是好惹的，巨大的体形就有足够的威慑力。更何况，它们的长尾巴末端还有大尾锤。
合川马门溪龙并不想和永川龙发生冲突，于是转身向森林深处走去。马门溪龙前进的速度并不快，永川龙就跟在它们后面。
队伍里有还没长大的马门溪龙，这样的恐龙往往是永川龙的狩猎目标。不一会儿，有一只马门溪龙掉队了。

出乎永川龙意料的是，掉队的是一只健壮的青年马门溪龙。永川龙的尾随对这群马门溪龙来说像颗定时炸弹，所以这只马门溪龙决定主动出击，给大部队争取离开的时间。
马门溪龙抬起前腿，重重地踏在地上。这个动作是对永川龙的警告。永川龙也不退让，嘶吼着朝马门溪龙冲来，并用锋利的前爪抓住马门溪龙的脖子。马门溪龙的脖子上顿时出现了 3 道深深的伤痕。
马门溪龙被激怒了，抬起前肢狠狠地踢向永川龙。永川龙见状，急忙后退几步。
知道了对方的力量后，两只恐龙对峙起来。
永川龙没有多少耐心，又一次低吼着向马门溪龙扑去。
马门溪龙摆好防御阵势，看到永川龙冲了过来，赶紧调转身体，甩动长尾巴狠狠地砸向永川龙。永川龙躲避不及，肩胛骨被砸了个正着。

罗胖仔细地看着眼前的永川龙骨架化石，问道："张老师，兽脚类恐龙都是用两只脚走路吗？"

“一般是这样的。恐龙用两足行走能更迅速地追逐猎物，前肢还可以用来抓猎物。而且，有些肉食性恐龙的前肢有慢慢退化的趋势呢！”我回答。

接着，我们又一起参观了鸟脚类恐龙化石。鸟脚类恐龙是鸟臀类恐龙中最早出现的一大支系，也是鸟臀类恐龙进化的主干，剑龙类、甲龙类和角龙类都由鸟脚类进化而来的。鸟脚类恐龙出现于三叠纪，一直繁衍到白垩纪末期，在地球上生活了一亿多年。因为用强壮的后肢奔走，看起来很像鸟，所以它们才被称作鸟脚类。

几乎所有的鸟脚类恐龙都是素食者。它们体形大小相差悬殊，小的体长不到1米，大的体长有十几米。自贡地区的鸟脚类恐龙有大山铺晓龙、多齿盐都龙、劳氏灵龙、鸿鹤盐都龙和拾遗工部龙等。

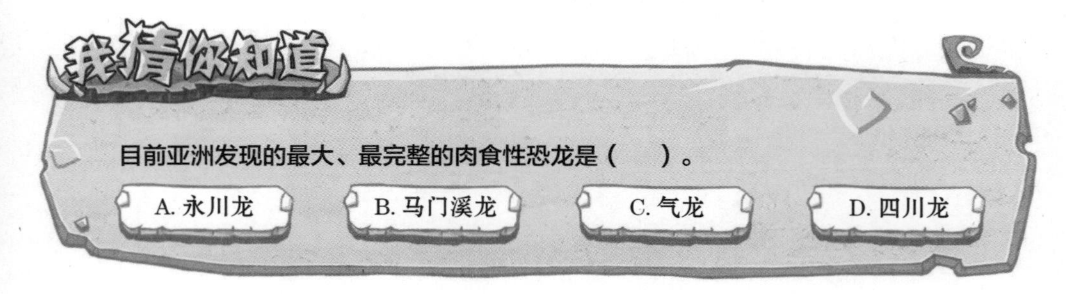

蛇颈龙的逆袭

我们继续在馆内参观，孩子们被一具外形奇特的化石标本吸引了。这具化石标本有着长长的脖子，长脖子上顶着一个小小的脑袋，身体扁扁的，还长着一条短尾巴。

“这只长着长脖子的大乌龟看起来好奇怪啊！”罗胖指着眼前的化石标本大声说道。

“嘘，罗胖，这里是参观的地方，不要大声喧哗。”郭铲儿提醒道。

“对不起，它长得太怪异了，让我忍不住说一下。”罗胖捂住了嘴巴。

“这是蛇颈龙。你看，旁边有它的简介。”黄米告诉罗胖。

“张老师，这个家伙长得一点都不霸气，甚至有一点搞笑。我估计它经常被其他动物欺负。”焦圈儿摸了摸自己的下巴。

“想要不被欺负，还得像我一样多吃肉！体形有时候是最管用的！”罗

胖挽起袖子，亮出了胳膊。

“你的胳膊上没有肌肉，都是肥肉，中看不中用啊！”焦圈儿摸着罗胖的胳膊。

“要不我们比试一下呀？”

“比试就比试！”

“保持安静，伙伴们！”黄米小声地提醒着他们。

我对孩子们说：“你们可别小看这个长着长脖子的家伙，它可是侏罗纪海洋中的捕食能手呢！”

“不可能。它虽然脖子很长，但身体很短，就像一条带着乌龟壳的蛇，而且它的头和嘴巴也很小，肯定打不过其他动物！”罗胖一边端详着蛇颈龙一边说道。

“蛇还是很厉害的！我最怕蛇了！”郭铲儿嗫嚅道。

“乌龟的防御能力很强，看我看我！”焦圈儿学着乌龟的模样，把头和两只手缩了起来，“你们吃不到我！”

大家都被焦圈儿滑稽的模样逗笑了。我又带他们到模型店里参观。我拿起一个模型：“你们看，这也是蛇颈龙哟！”

孩子们发现这个蛇颈龙模型和之前看到的蛇颈龙化石标本有些不同，疑惑地问：“张老师，它怎么和刚才的蛇颈龙化石不一样啊？”

“怎么不一样啊？”我问。

郭铲儿说：“脖子不一样长啊！这个蛇颈龙模型的脖子像我姐姐用来扎头发的皮筋那么短，而蛇颈龙化石的脖子像奶奶用来捆旧报纸的尼龙绳一样长。”

竟然还有这样的比喻！我真的很佩服孩子们那丰富的想象力。我向他们解释道："蛇颈龙是一个庞大的家族。根据蛇颈龙脖子的长短，古生物学家将它们分为长颈蛇颈龙和短颈蛇颈龙。虽然都叫蛇颈龙，但它们长得不一样。长颈蛇颈龙看上去像穿过乌龟壳的蛇，头部较小，颈部修长，身体又宽又扁，身体两侧长着宽而有力的鳍状肢，尾巴较短，呈锥状。蛇颈龙的生存年代为三叠纪末期至白垩纪末期。长脖子的蛇颈龙虽然是捕食能手，却没有称霸海洋。三叠纪晚期，海洋被长得像放大版海豚的鱼龙统治着。"

"放大版？有多大？"郭铲儿问道。

"有些鱼龙比海豚大好几倍呢！庞大的体形加上流线型的身体，使得它们在海洋中成为霸主一般的存在。长脖子的蛇颈龙根本不是鱼龙的对手！你们看，这就是鱼龙。"我拿起鱼龙的模型。

郭铲儿表现得很惊讶："天啊，它的眼睛好大，太让人羡慕了！我猜它的视力一定很好。"

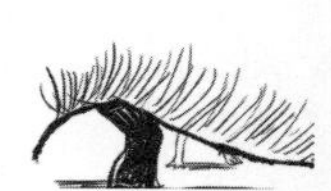

“如果去参加比比谁的眼睛大的比赛，它一定能得冠军！”罗胖兴奋地说。

“它的身体肥膪膪的！”黄米指着模型说道。

“连身材都管理不好，还怎么管理‘鱼生’啊！这一定是一种好吃懒做、不思进取的鱼！”焦圈儿若有所思地说。

我忍不住笑了出来：“这是早期的鱼龙类——黔鱼龙。它长着大大的眼睛，拥有绝佳的视力，即使在昏暗的深海也能看清猎物。鱼龙与现生的海豚的确有几分相似，不过它们之间有明显的不同之处。”

“它不如海豚身材苗条。”黄米说。

“哈哈，这说明鱼龙是真正的吃货！”焦圈儿笑着说。

我讲道："鱼龙是海生爬行动物，海豚属于哺乳动物。鱼龙可比海豚资历老得多，鱼龙在三叠纪早期就出现了，而海豚直到新近纪才出现。不过，它们几乎都处于海洋世界食物链的顶端：鱼龙由于缺乏天敌，食物充足，因此演化得非常迅速，成了三叠纪海洋世界真正的霸主；海豚几乎没有天敌，海豚科中体形最大的虎鲸是海洋中的霸主，连凶猛的鲨鱼都要敬它三分。"

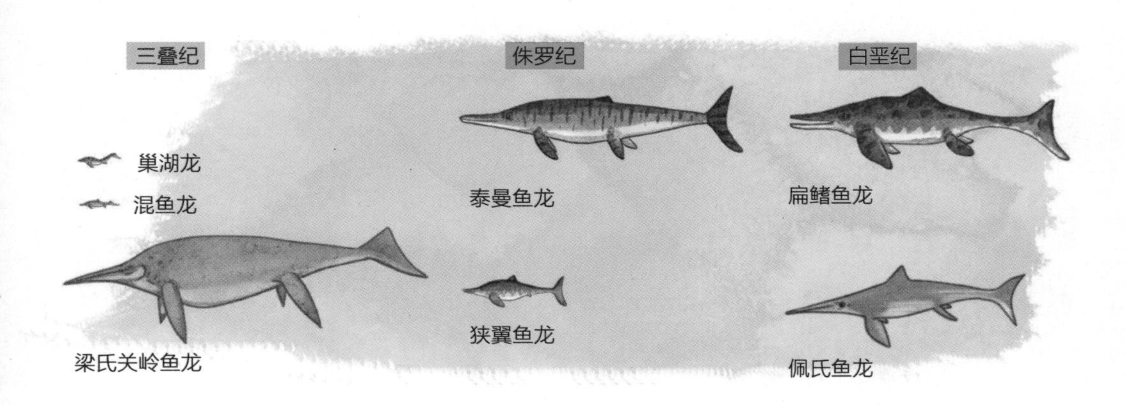

黄米问道："海生爬行动物那么多，为什么鱼龙能成为当时的海洋霸主呢？它们有什么秘密武器？"

我让他们仔细观察鱼龙模型："别看鱼龙长得可爱，其实性格相当彪悍，是当时海洋中出色的猎手。身体呈流线型，宽大的尾鳍作为'助推器'，这样的身体特征使得鱼龙的游泳速度十分惊人；大大的眼睛能够让它们看清猎物的准确位置；嘴巴狭长有力，牙齿如匕首般锋利，可以让它们轻易地将猎物撕得粉碎。鱼龙拥有这么多顶尖的'装备'，称霸海洋也就不足为奇了。"

黄米想起了蛇颈龙："蛇颈龙打不过鱼龙吗？"

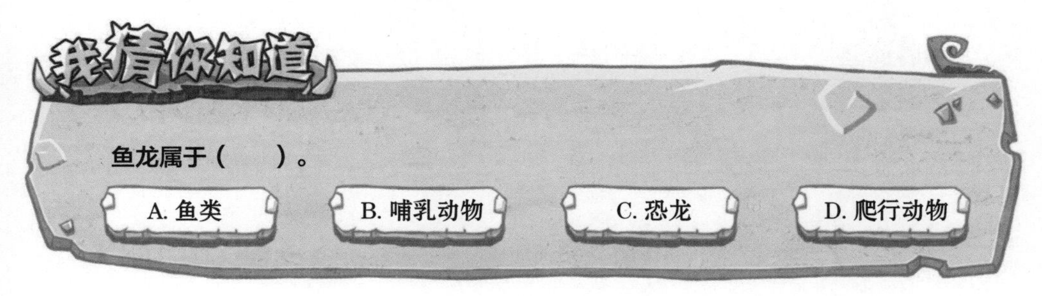

“长脖子的蛇颈龙没有很强的战斗力。由于头和嘴巴都比较小，它们没法吃大个儿的食物，所以只能吃像鹦鹉螺这样的小家伙。这是早期的蛇颈龙的特征。此时的蛇颈龙被鱼龙当成猎物，看到鱼龙只能逃跑。不过，蛇颈

龙不想一直屈居鱼龙之下，于是开始演化。慢慢地，蛇颈龙的脖子缩短，头部变大，咬合力变强，嘴里的尖牙变得像弯刀一般。海洋中的新霸主——短颈蛇颈龙诞生了！此时的鱼龙却因为不适应环境，体形越来越小，逐渐由昔日的‘海中老大’沦为短颈蛇颈龙的猎物。”

罗胖质疑道：“要是脖子变短了，蛇颈龙就名不副实了呀！”

“这就是自然选择的结果。以前长颈鹿的脖子也没有这么长，只不过为了适应环境，才变得越来越长。”黄米解释着。

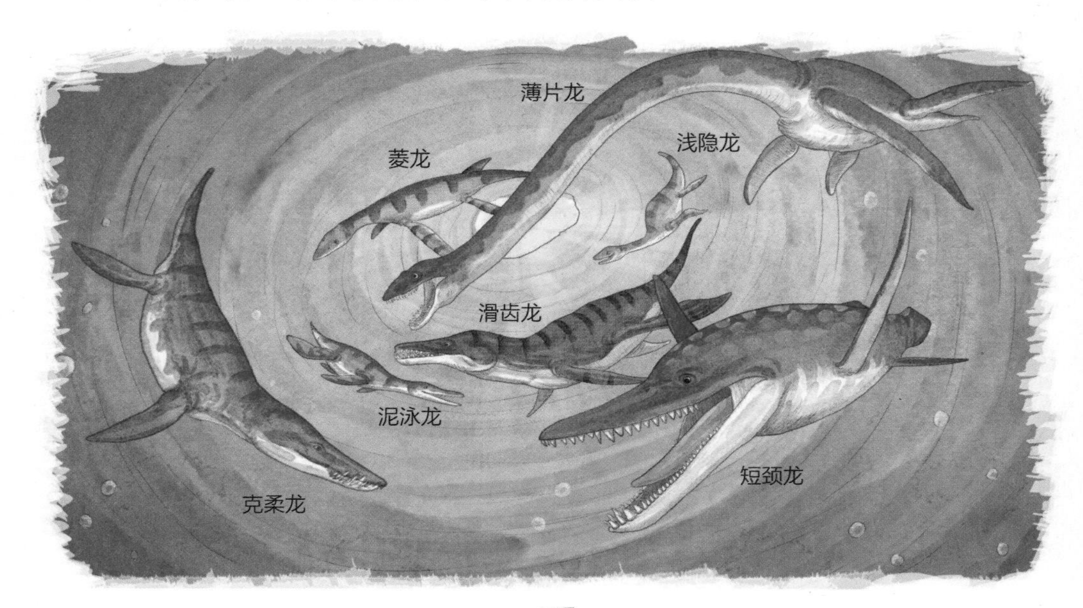

“短颈蛇颈龙确实是由长颈蛇颈龙演化而来的。短颈蛇颈龙比较具有代表性的成员就是上龙。”我说。

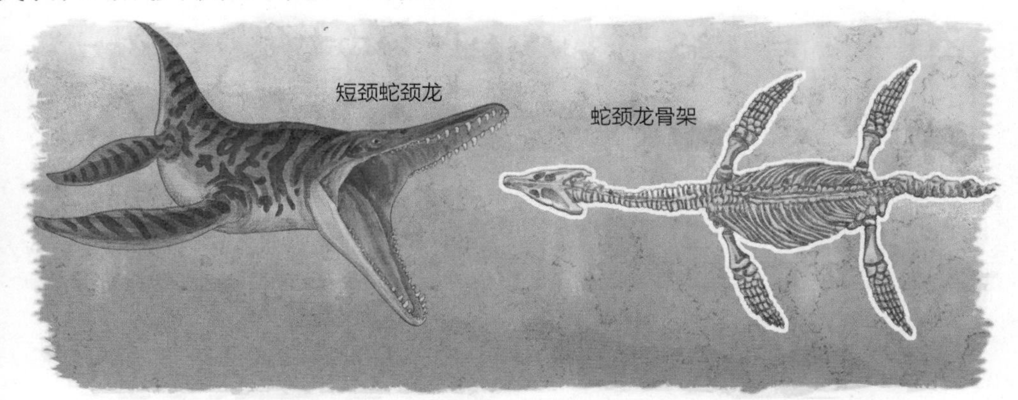

“上龙？这个名字听起来霸气十足啊！”焦圈儿瞪大了双眼。

我讲道：“上龙家族成员众多，有被称为‘海洋头号杀手’的克柔龙，还有‘超级猎手’滑齿龙等。上龙家族的成员普遍拥有硕大的脑袋和呈水滴状的粗壮身体，颈部和尾巴都比较短，鳍状肢大而有力。它们颌部的肌肉粗壮有力，咬合力十分强大。据推断，成年上龙能够把小汽车咬成两半。

“上龙是海洋里的顶级猎食者，性情残暴，六亲不认，连自己的亲戚长颈蛇颈龙也不放过。我给你们讲一个‘滑齿龙抢食’的故事吧。”

这是侏罗纪的一片开阔海域，温暖的阳光洒进海里，在海底留下斑驳的光影。
长颈蛇颈龙摆动着船桨般的鳍状肢，在海水中穿梭着。修长的脖子让它能轻松捕到鱼类和软体动物，填饱自己的肚子。

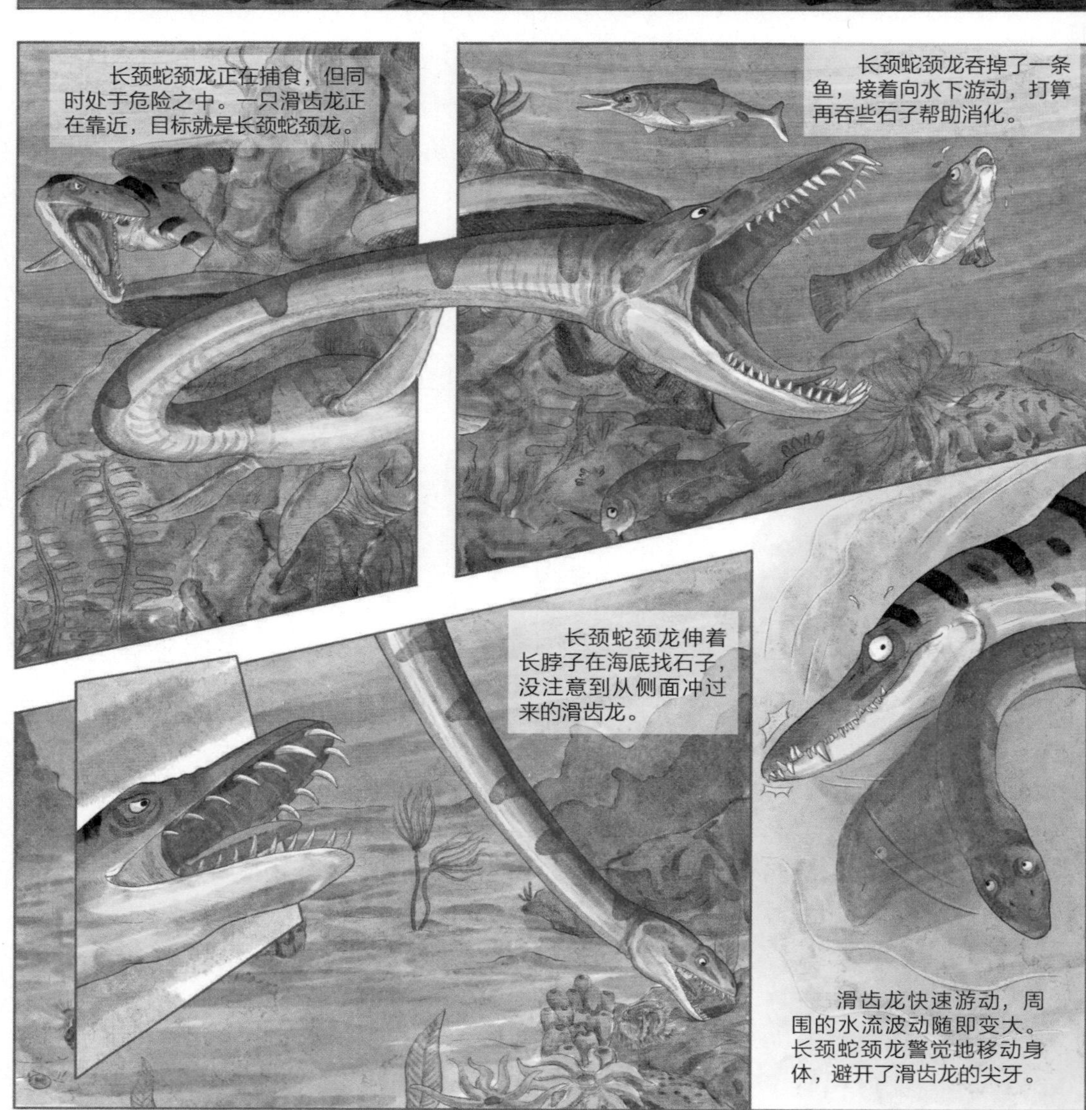
长颈蛇颈龙正在捕食，但同时处于危险之中。一只滑齿龙正在靠近，目标就是长颈蛇颈龙。
长颈蛇颈龙吞掉了一条鱼，接着向水下游动，打算再吞些石子帮助消化。
长颈蛇颈龙伸着长脖子在海底找石子，没注意到从侧面冲过来的滑齿龙。
滑齿龙快速游动，周围的水流波动随即变大。长颈蛇颈龙警觉地移动身体，避开了滑齿龙的尖牙。

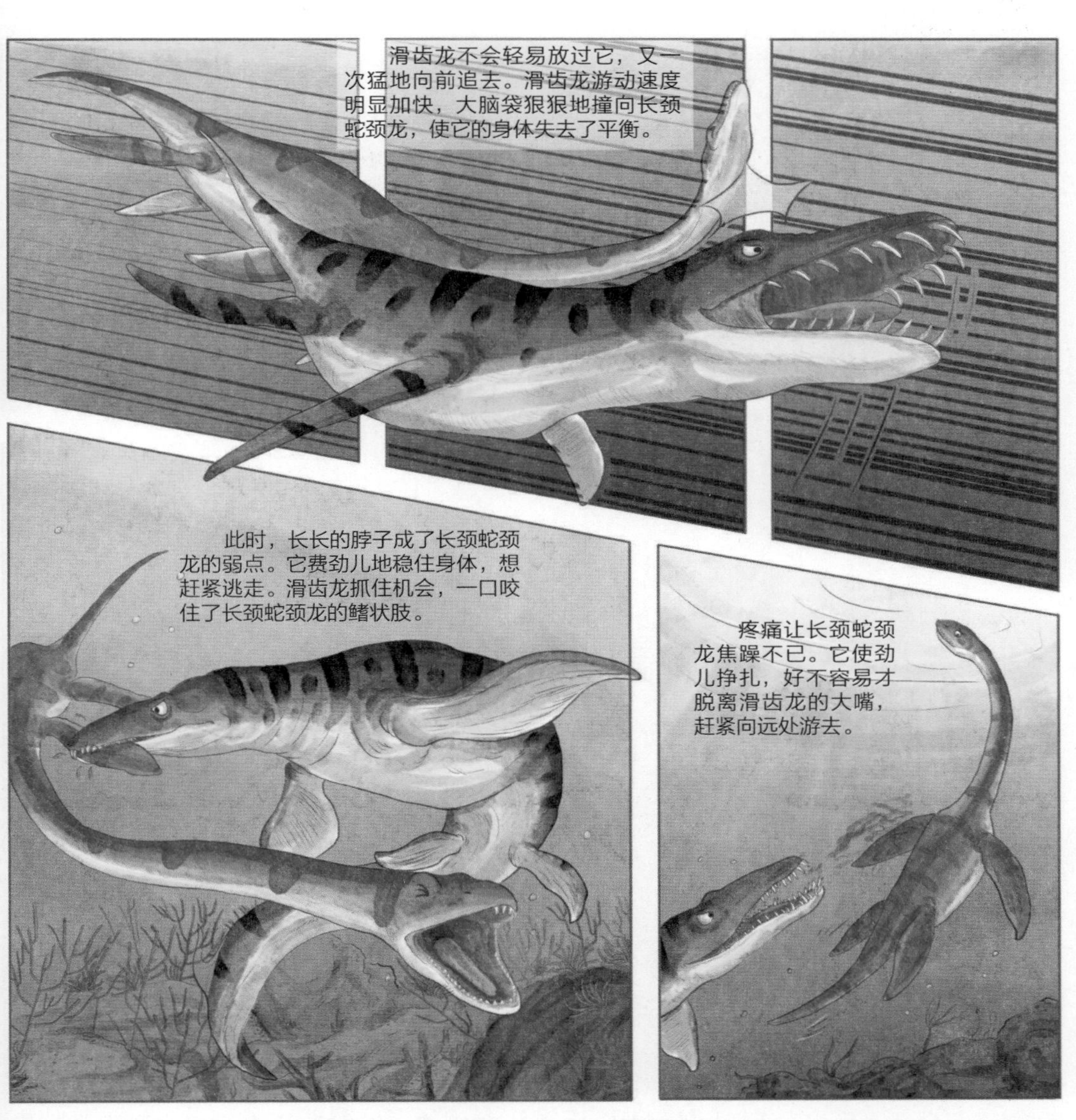
滑齿龙不会轻易放过它，又一次猛地向前追去。滑齿龙游动速度明显加快，大脑袋狠狠地撞向长颈蛇颈龙，使它的身体失去了平衡。
此时，长长的脖子成了长颈蛇颈龙的弱点。它费劲儿地稳住身体，想赶紧逃走。滑齿龙抓住机会，一口咬住了长颈蛇颈龙的鳍状肢。
疼痛让长颈蛇颈龙焦躁不已。它使劲儿挣扎，好不容易才脱离滑齿龙的大嘴，赶紧向远处游去。

长颈蛇颈龙虽然身负重伤，但仍然不敢停下来，因为滑齿龙正在它的身后穷追不舍。

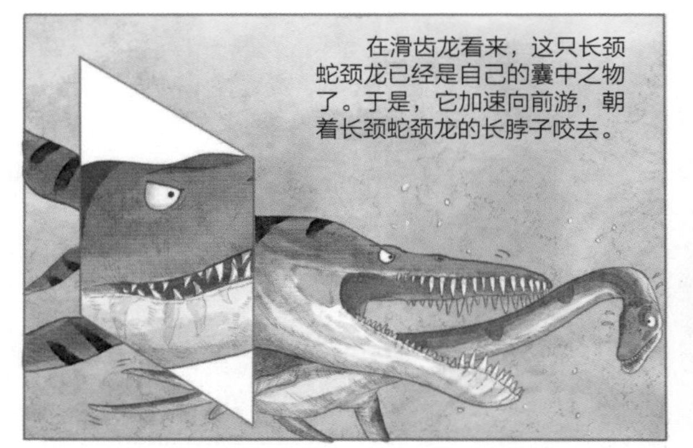
在滑齿龙看来，这只长颈蛇颈龙已经是自己的囊中之物了。于是，它加速向前游，朝着长颈蛇颈龙的长脖子咬去。

长颈蛇颈龙赶紧移动身体，仰起了长长的脖子。

滑齿龙一跃而起，半个身体跃出水面，死死咬住了长颈蛇颈龙的脖子。滑齿龙的牙齿能轻易穿透猎物的身体。
长颈蛇颈龙知道自己很难逃脱了，但仍然不停地挣扎着。不一会儿，长颈蛇颈龙便一动不动。滑齿龙这才松开嘴，打算好好地享受食物。

就在这时，一个不速之客出现了。原来另一只滑齿龙目睹了这一切，想来分一杯羹。
这个入侵者很不受欢迎，捕猎者并不想跟它分享自己的猎物。

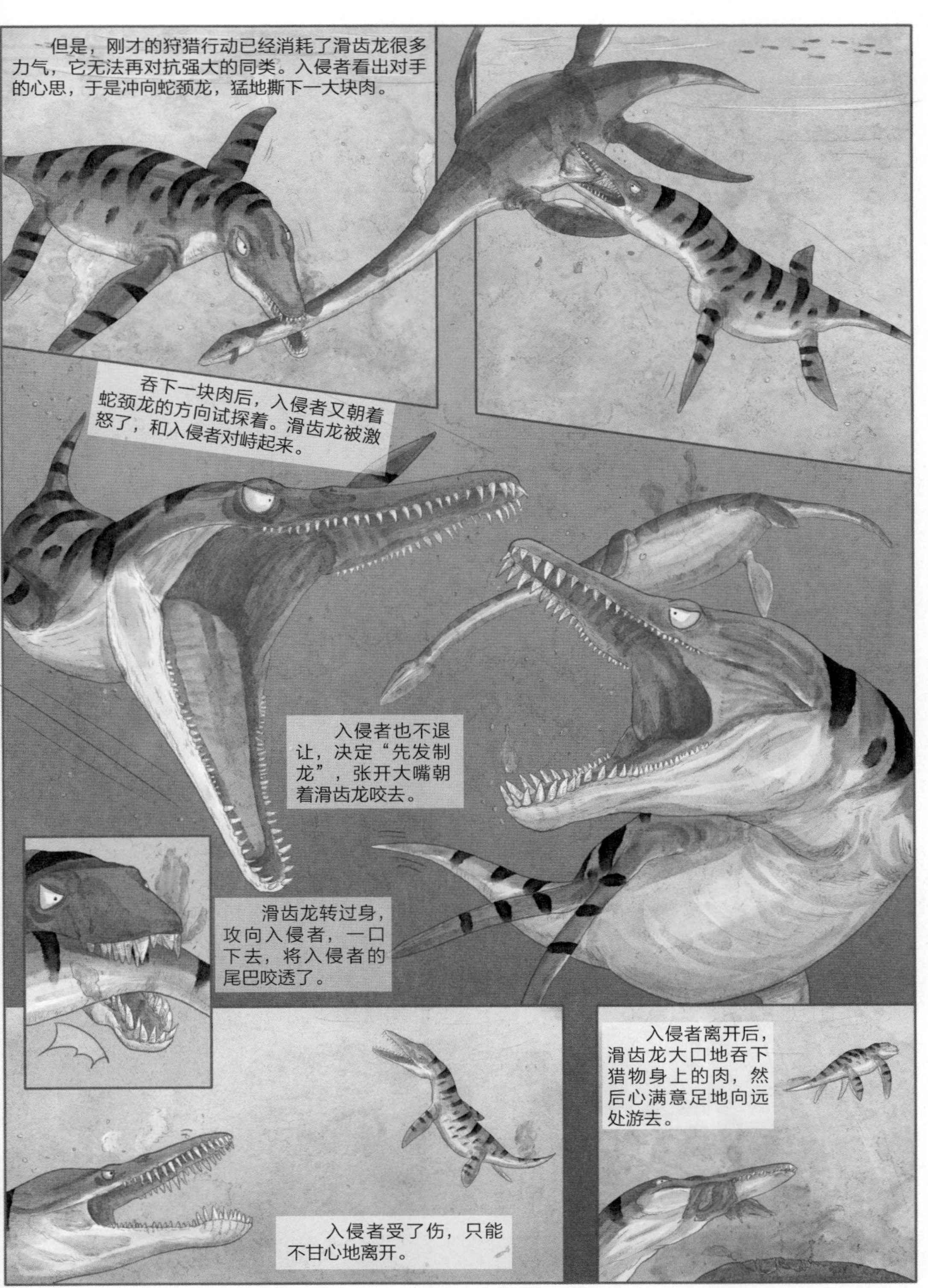
但是，刚才的狩猎行动已经消耗了滑齿龙很多力气，它无法再对抗强大的同类。入侵者看出对手的心思，于是冲向蛇颈龙，猛地撕下一大块肉。
吞下一块肉后，入侵者又朝着蛇颈龙的方向试探着。滑齿龙被激怒了，和入侵者对峙起来。
入侵者也不退让，决定“先发制龙”，张开大嘴朝着滑齿龙咬去。
滑齿龙转过身，攻向入侵者，一口下去，将入侵者的尾巴咬透了。
入侵者受了伤，只能不甘心地离开。
入侵者离开后，滑齿龙大口地吞下猎物身上的肉，然后心满意足地向远处游去。

听完故事，焦圈儿同学打了个寒战，缩着脖子说：“这些短脖子的上龙太凶悍了，我还是喜欢这个长脖子的家伙，它的外形多可爱呀！”

我告诉他：“长颈蛇颈龙的脖子长度能达到体长的一半。举个例子，一只身长为6米的长颈蛇颈龙，其脖子的长度约有3米。”

“张老师，我记得您之前讲过，马门溪龙的长脖子不是很灵活，那长颈蛇颈龙的长脖子灵活吗？”黄米很认真地问。

“如果你们有这么长的脖子，能随便扭来扭去吗？”我问。

罗胖努力伸长脖子，模仿着长颈蛇颈龙：“好像抬头都有些困难。”

我点点头："虽然人类的脖子长度占体长的比例很小，但是可以灵活地活动，而长颈蛇颈龙的脖子虽然很长，却并不灵活，大幅度的扭曲可能会伤害脆弱的颈椎。是不是所有的长脖子都不灵活呢？当然不是！长颈鹿的长脖子就相当灵活。它们的长脖子能做很多大幅度的动作，甚至可以扭来扭去。"

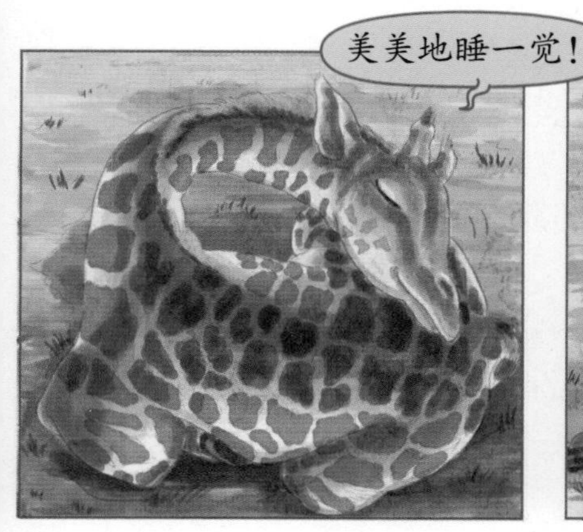

细心的黄米注意到了一个细节："张老师，长颈蛇颈龙的脖子这么不灵活，它们怎么猎取食物啊？"

我拿着长颈蛇颈龙的模型给他们演示："长颈蛇颈龙的脖子的确不容易大幅度弯曲，但是可以上下动啊。它们把长长的脖子伸到海底，一旦发现猎物，就会张开嘴巴，将其吞下；有时，它们也会慢慢靠近猎物，等猎物进入捕食范围，就会突然出击，咬住猎物。"

罗胖举起了手："张老师，您说过蛇颈龙的食物包括鹦鹉螺，它们怎么消化鹦鹉螺的硬壳呀？"

"古生物学家曾在蛇颈龙的胃容物化石中发现很多被磨光的石头。这些石头叫作'胃石'，能帮助蛇颈龙磨碎胃里的坚硬食物，比如罗胖刚才提到的鹦鹉螺的坚硬外壳。其实，很多动物借助胃石促进消化，比如恐龙家族中的板龙、鹦鹉嘴龙等。我们熟悉的一些鸟类也有吞食石子的习惯。这些石子能帮助鸟儿磨碎和消化食物。"我说。

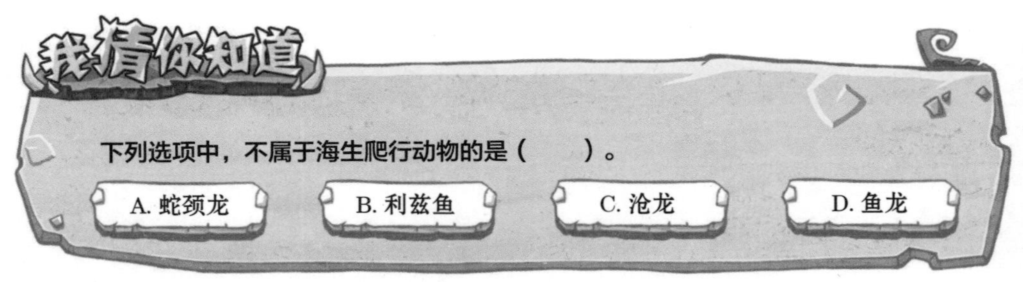

神秘的恐龙公墓

除了古生物骨骼化石，自贡恐龙博物馆里最吸引人的地方就是被称为“恐龙公墓”的遗址大厅。这个恐龙遗址大厅是世界上可供观赏的最大规模的化石埋藏现场之一，化石富集程度相当高。同时，遗址上还保留着较完整的地质剖面，具有非常重要的地质意义。

我们走进大厅的观景台，首先看到的是造型为逗号形状的一块区域，设计者巧妙地用逗号表示探索恐龙的路还没有走完。观景台的下方是层层叠叠的化石。令人称奇的是，这些化石呈螺旋状堆积在一起。这种奇怪的堆积方式令很多人感到费解。

孩子们纷纷说：“这里太令人震撼了，居然有这么多恐龙埋藏在同一个区域。”

我说道：“这就是世界著名的恐龙公墓。这个名字是不是很形象？”

孩子们瞪大了双眼，惊奇地问道：“恐龙公墓？是人们专门为恐龙建造的安息地吗？”

我笑了：“恐龙公墓是大自然的杰作，是大量恐龙化石集中埋藏的区域，里面保存着比较完整的恐龙骨架化石，是恐龙时代留下来的最有价值的‘自然遗产’之一。”

“恐龙公墓是如何形成的？难道这些恐龙提前商量好，死后要埋在一起吗？或者它们预感到自己即将死亡，就自觉走到这个地方，等待死亡？”罗胖的想象力还真丰富。

“罗胖同学，恐龙没有那么高的智商，应该不会自主选择死亡地点。恐

龙公墓的形成原因在学术界一般有两种说法：一种是一群恐龙遭遇突发的自然灾难后死亡，成群的尸体在原地被迅速掩埋，从而形成了恐龙公墓；另一种是恐龙在别的地方死亡之后，尸体因为流水或突发的地质灾害等原因聚集到了同一个地方，最后形成恐龙公墓。”我讲道。

黄米问道：“张老师，我在很多恐龙科普书上看到过‘中国恐龙多，四川是个窝，自贡有个墓’这句话，这个墓是如何被发现的呢？”

我回答：“说起四川的恐龙，那可有年头了。1913—1915年，美国地质学家帮助我国寻找石油和天然气，意外地在荣县发现了恐龙化石，由此拉开了四川发掘恐龙化石的序幕。之后，自贡市及其周边地区陆续出土了大量恐龙化石。

“1979年，一支勘探队看上了大山铺这个地方，原本打算在这里做一个基础建设工程，却无意间发现了恐龙化石。之后，一支专业的古生物考察队

闻讯赶来，顿时被眼前的景象震惊了。原来这里正在建停车场，山石被炸成小块，数不清的恐龙化石镶嵌在岩石之中。之后，来自世界各地的恐龙专家聚集到自贡大山铺这个地方。后来历经几年时间，他们在这里发现了多种生物化石，不仅有肉食性恐龙和植食性恐龙，还有鱼类、两栖类、龟鳖类、鳄类、翼龙类、似哺乳爬行类等。要知道，在大山铺恐龙化石群被发现之前，早、中侏罗世的恐龙化石非常罕见，而这里的恐龙化石大部分来自中侏罗世。这一化石群的发现，填补了世界恐龙演化史上中侏罗世这一空白阶段。

古生物学家正在发掘恐龙化石

“一般的恐龙化石发掘过程大致为先将化石从岩石中剥离出来，然后装箱运走，再经修复、研究后展出。然而，从坚硬的岩石中取出珍贵的恐龙化石是非常困难的，还会破坏恐龙遗骸的化石现场以及周围的地质环境，而现场一旦被毁坏，就再也无法恢复了。

“为了使恐龙化石发掘现场免遭破坏，让人们能目睹原汁原味的化石挖掘现场，国家相关部门作出决定，在自贡大山铺恐龙化石群遗址上就地兴建我国第一座专业恐龙博物馆。之后，自贡恐龙博物馆建成开放。我们所在的遗址大厅就是当时的发掘现场。”

黄米又问道：“那大山铺的恐龙公墓是怎么形成的呢？”

“要想解开这个谜底，我们不妨去体验一下自贡恐龙博物馆里的四维影院，那里会放映一部关于这方面的动画片呢。”

“四维电影我知道，不仅画面有立体感，还有震动、坠落、吹风、气味等效果，一定会让我们有身临其境之感。”罗胖说完就跑去买票了。

走入放映室，我们戴上了特制的三维立体眼镜，并将身体固定在座椅上。接着，放映室的光线暗淡下来，荧幕慢慢变亮，原始海洋的画面出现了。

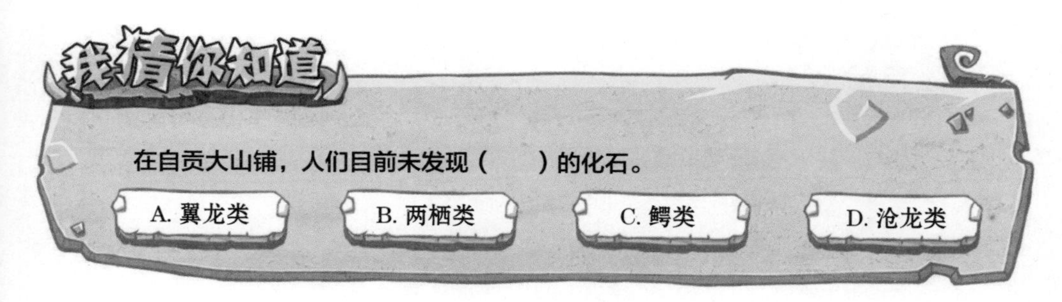

我告诉大家："自贡地区位于四川盆地，而在三叠纪时期，四川盆地因前期海侵作用大部分时间被海水覆盖，那时的贵州也是一片汪洋。人们在四川和贵州都发现了大量的海洋生物化石。这为四川盆地和贵州曾是海域提供了证据。"

话音未落，影片中的大地开始颤动，远处的地壳渐渐抬升而起，成为高山。海水快速退去，周围地面慢慢隆起，形成了一个圆形的大盆。孩子们看得目不转睛。

我为孩子们讲解道："地球上发生的这次强烈的地壳运动，规模之大，

范围之广，足以改变地球的面貌。三叠纪末期，受强烈的地壳运动的影响，四川盆地边缘慢慢隆起成山，被海水淹没的地区逐步上升成陆，由此形成了四川盆地的雏形，陆相环境从此开始形成。侏罗纪中期，四川盆地的气候温暖潮湿，桫椤、银杏等植物生长茂盛，大地郁郁葱葱，河湖广布，为恐龙提供了丰富的食物来源和得天独厚的自然条件，也为今天的四川奠定了基础。不仅现在的人们觉得四川是个宜居之地，当时的恐龙也有这种体会。所以，这里的植食性恐龙不断增多，同时促进了肉食性恐龙的发展，恐龙家族开始在这个地方繁盛起来。难怪人们会在四川盆地发现那么多恐龙化石！”

郭铲儿指着屏幕：“张老师您看，咱们在博物馆看到的兽脚类恐龙、蜥脚类恐龙都出现了！”

恐龙家族在四川盆地繁衍生息

罗胖大叫：“啊，盐都龙正在和气龙决斗！”

“我最爱的剑龙出现了，它们跑得太慢了！”焦圈儿看起来有些失望。

“世界这么美好，不要总是打架呀！看，植食性恐龙多么温柔，蜀龙父母还带着孩子出来散步呢。多么温馨的画面呀！”郭铲儿用双手摸着脸颊。

后来，影片中鲜活的恐龙都消失了，呈现在孩子们眼前的是层层堆积在一起的恐龙骨架和动物遗骸，它们随着岁月深埋在地底。这个画面看起来有些触目惊心。

我对孩子们说：“这就是恐龙公墓。我们在博物馆参观的很多恐龙骨骼化石就是从这里出土的。恐龙公墓里埋藏着侏罗纪中期几乎所有种类的恐龙的化石，其中既有蜥脚类、兽脚类恐龙的化石，又有鸟脚类、剑龙类恐龙的化石。除了恐龙化石，这里还出土了与恐龙生存于同一时期的其他生物的化石，比如生物鳄类、翼龙类、两栖类等生物的化石。”

罗胖很着急地说：“这些恐龙为什么突然在这里死亡呢？”

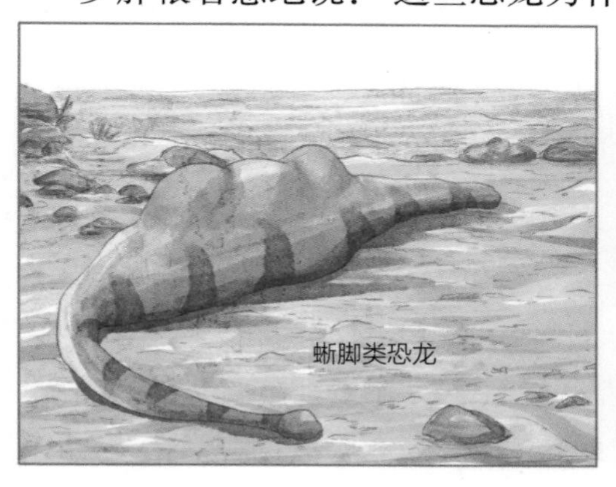

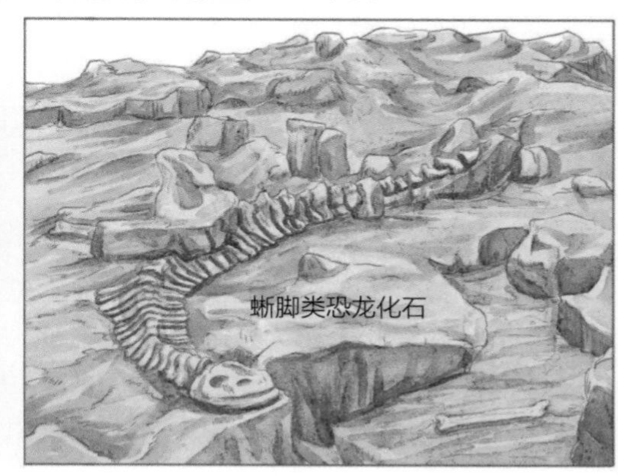

焦圈儿看起来同样忧虑：“会不会是外星人入侵地球，之后发生过一场大战？”

黄米摇摇头：“这是世界未知之谜吧！”

我对他们说：“自贡恐龙公墓里埋葬的恐龙为什么集群式死亡这一难题至今还是个谜。前面我也讲过学术界对于恐龙公墓成因的两种猜想，至于这些恐龙为什么集体死亡，至今还没有确切的说法。不过，有专家分析了自贡出土的恐龙骨骼化石中的微量元素，发现骨骼化石中含有大量的砷元素，并且周边硅化木中的砷含量更高，因此提出恐龙因砷中毒死亡的观点。”

罗胖看了看屏幕中一堆堆的恐龙遗骸，问道：“张老师，古生物学家为什么执着于解开恐龙集群死亡的秘密呢？”

黄米想了想，说：“如果是环境污染导致动物死亡，那么人类就要治理

环境，避免我们也陷入类似的危险境地。我想，分析动物集群死亡的原因是为了警示后人。”

我点点头：“是的。我们既要去了解过去，也要知道现在，更要预测未来。恐龙谱写了地球生命演化的辉煌篇章，却在约6600万年前离奇地灭绝了。这是天灾还是‘龙祸’？长期以来，对于恐龙灭绝的原因，科学家先后提出过多种假说。通过探索恐龙化石或其他古生物化石，我们可以从更加广阔的视角看待人类自己。发生在恐龙身上的事情已经是过去的记忆，也可能是对未来的预兆。所以，我们需要不断解开发生在恐龙身上的众多难题。”

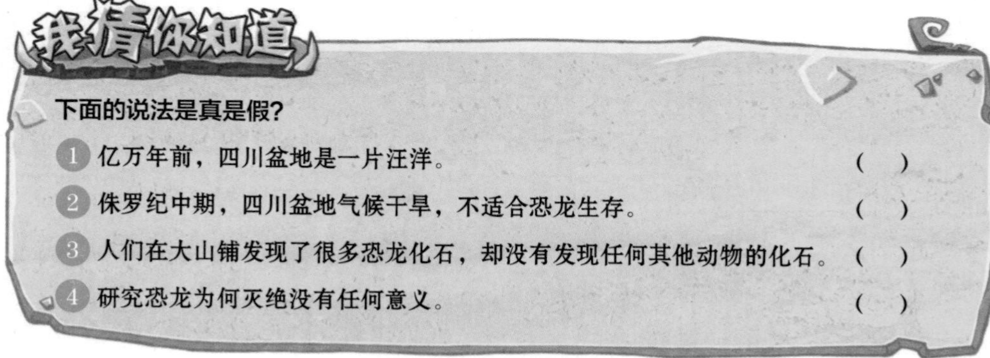

下面的说法是真是假？

1. 亿万年前，四川盆地是一片汪洋。（ ）
2. 侏罗纪中期，四川盆地气候干旱，不适合恐龙生存。（ ）
3. 人们在大山铺发现了很多恐龙化石，却没有发现任何其他动物的化石。（ ）
4. 研究恐龙为何灭绝没有任何意义。（ ）

随着一颗小行星撞向地球，电影的屏幕慢慢变成了黑色。这表明恐龙时代彻底终结。目前，在众多的恐龙灭绝原因中，最被人们广泛接受的一种假说是“小行星撞击说”。这种假说认为，恐龙灭绝是由一颗小行星在白垩纪末期撞击地球造成的。

我们的四川之旅结束了。黄米一边帮我拎器材一边说：“虽然短暂的四川之旅结束了，但是我们探索恐龙的步伐却远远没有停止，甚至是一个全新的开始呢。”

郭铲儿一脸惆怅："不知道下次再见面会是什么时候了。"

孩子们依依不舍地分别了。我打算带着罗胖和焦圈儿返回北京，黄米和郭铲儿从自贡直接回家。

罗胖笑嘻嘻地说："咱们既然来了四川，为啥不去看大熊猫呀？大熊猫本身就是活着的珍稀标本呢。"

焦圈儿这回选择了帮腔，而不是抬杠："这次我赞成罗胖同学的合理建议！"

我也有些心动，于是带着他俩去看大熊猫。看着憨态可掬的大熊猫，我不禁感慨：亿万年前恐龙称霸四川盆地的时候，大熊猫还没出现呢！时至今日，这里已经发生了翻天覆地的变化。

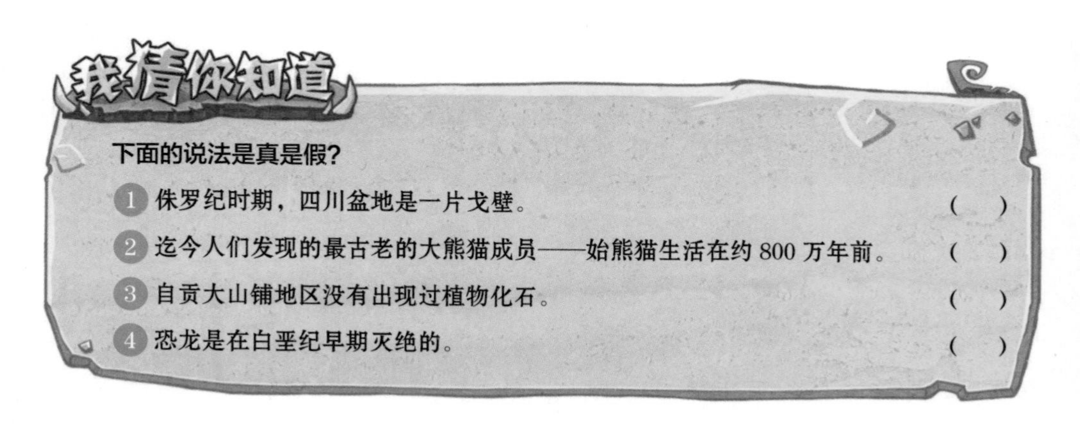

我猜你知道

下面的说法是真是假？

1. 侏罗纪时期，四川盆地是一片戈壁。 （　）
2. 迄今人们发现的最古老的大熊猫成员——始熊猫生活在约 800 万年前。 （　）
3. 自贡大山铺地区没有出现过植物化石。 （　）
4. 恐龙是在白垩纪早期灭绝的。 （　）

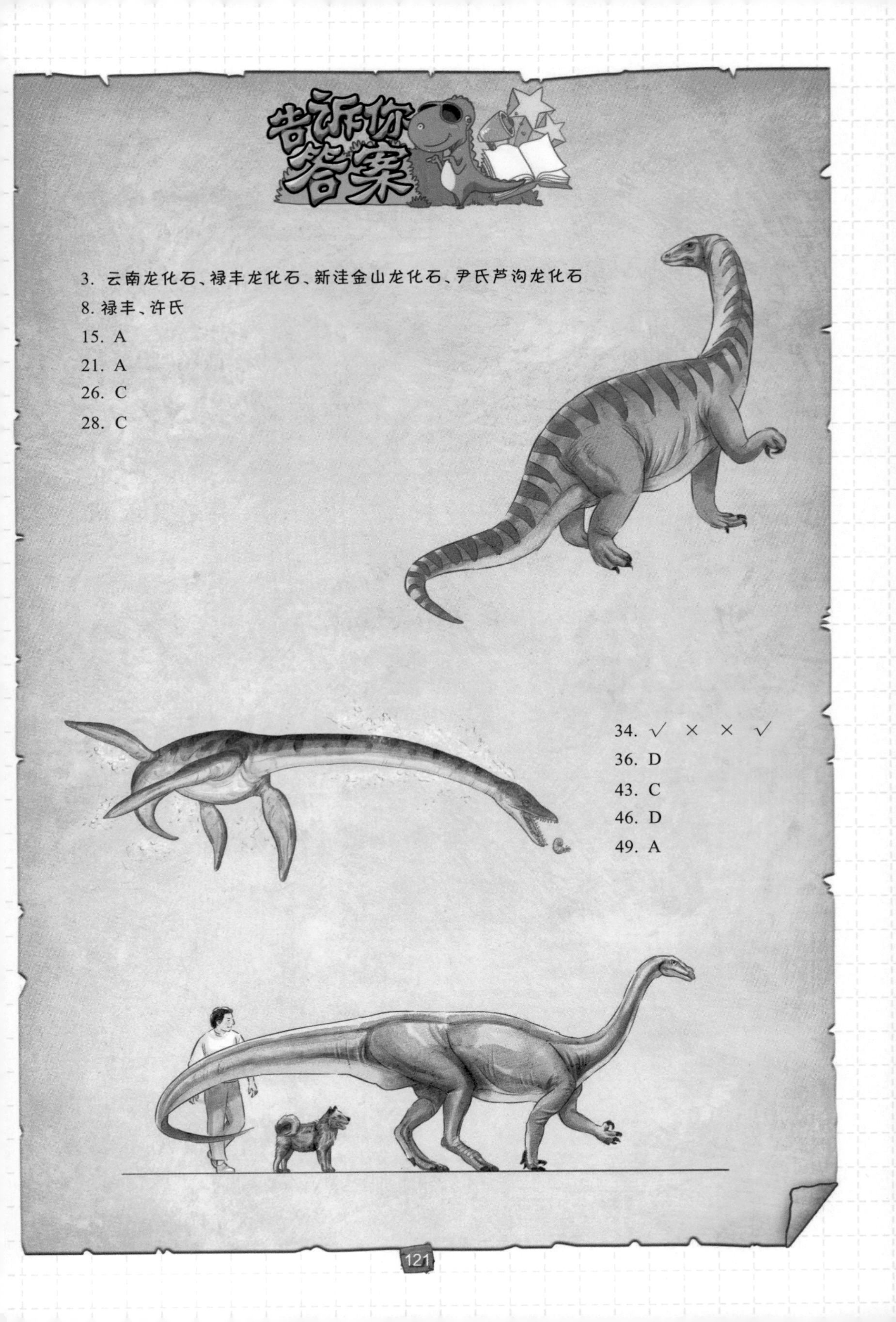

3. 云南龙化石、禄丰龙化石、新洼金山龙化石、尹氏芦沟龙化石

8. 禄丰、许氏

15. A

21. A

26. C

28. C

34. √ × × √

36. D

43. C

46. D

49. A

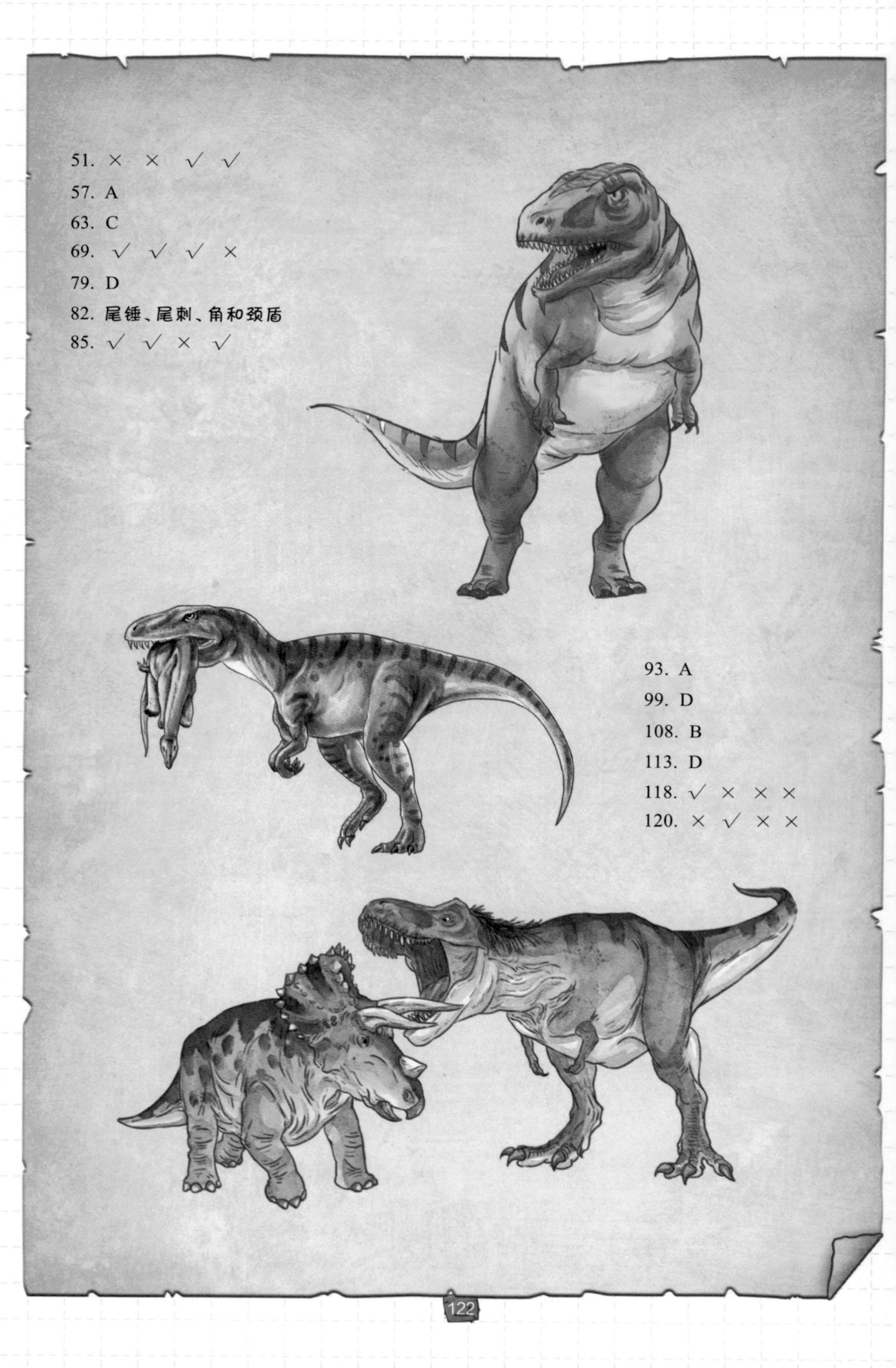

51. × × √ √

57. A

63. C

69. √ √ √ ×

79. D

82. 尾锤、尾刺、角和颈盾

85. √ √ × √

93. A

99. D

108. B

113. D

118. √ × × ×

120. × √ × ×